이야기가 담겨 있는

사시사철 생태놀이

이야기가 담겨 있는

사시사철 생태놀이

초판 1쇄 펴냄 2018년 7월 14일
    4쇄 펴냄 2023년 5월 8일

지은이 박항재 옥흠 박병삼
그린이 소노수정

펴낸이 고영은 박미숙
펴낸곳 뜨인돌출판(주) | 출판등록 1994.10.11.(제406-251002011000185호)
주소 10881 경기도 파주시 회동길 337-9
홈페이지 www.ddstone.com | 블로그 blog.naver.com/ddstone1994
페이스북 www.facebook.com/ddstone1994 | 인스타그램 @ddstone_books
대표전화 02-337-5252 | 팩스 031-947-5868

ISBN 978-89-5807-690-2 03470

이야기가 담겨 있는

사시사철 생태놀이

지은이 박항재 옥흠 박병삼 | 그린이 소노수정
환경과생명을지키는전국교사모임 기획

뜨인돌

자연 속에서, 자연과 함께, 자연스럽게 놀게 하자!

1. 창작 생태놀이를 향한 세 걸음

첫걸음 : 생태놀이 안내자의 고민

생명생태교육에 본격적인 관심을 갖게 된 것은 20여 년 전, '환경과생명을지키는전국교사모임' 활동을 시작하면서부터였습니다. 처음에는 아이들에게 풀꽃이나 나무 이름을 잘 가르쳐주는 게 생태교육의 전부라고 생각했습니다. 도감을 보며 열심히 공부했고, 모르는 게 너무 많다는 생각에 조급함을 느끼곤 했습니다.

그러다가 주말에 '사시사철 자연학교'를 운영하면서 조금씩 생각이 바뀌었습니다. 아이들이 자연 속에서 마음껏 뛰어놀도록 하는 것이 지식 전달보다 훨씬 소중하다는 사실을 깨달았습니다. 즐겁게 놀다 보면 저절로 자연과 친구가 되고, 사랑하게 되고, 바로 그런 마음이 생태적 삶의 튼튼한 뿌리가 된다는 것을 알았습니다.

하지만 막상 놀이를 하려고 해도 자료가 충분치 않았습니다. 기존의 자연놀이들은 대개 자연물을 이용한 개인적 놀이 또는 소규모의 집단 놀이였습니다. 적게는 10여 명, 많게는 수십 명에 이르는 아이들이 함께할 수 있는 자연놀이는 찾기 어려웠습니다. 학급 단위의 활동을 이끌어야 하는 교사들로서는 큰 고민이 아닐 수 없었습니다.

두 번째 걸음 : 기존 놀이의 재구성

오랜 궁리 끝에 이런저런 전통놀이나 생활놀이들을 변형하고 재구성하여 현장에서 적용해보았습니다. 많은 시행착오를 거치며 더 재미있고 더 자연스러운 방식으로 조금씩 바뀌어나갔습니다. 그렇게 만들어낸 많은 놀이들이 이 책에 실려 있습니다. 1장의 '자연은 살아 있다'는 '일대일 술래잡기'의 변형이고, 3장의 '꿀을 지켜라'는 'ㄹ자 놀이'를 재구성한 것입니다. 그 밖에도 아이들에게 이미 익숙한 다양한 놀이들이 현장에서의 적용과 변형을 거쳐 새롭게 태어났습니다.

놀이 종류가 다양해지긴 했지만 고민은 계속되었습니다. 더 재미있는 자연놀이는 없을까? 놀이를 통해 생태적 지식과 감수성을 머리와 가슴으로 동시에 익히게 하려면 어떻게 해야 할까? 실마리를 제공해준 것은 다양한 외국 사례들이었습니다.

세 번째 걸음 : 우리 자연에서 이끌어낸 창작놀이

러시아, 일본 등에서의 생태교육 현장 연수는 우리로 하여금 새로운 눈을 뜨게 해준 계기였습니다. 자연교육이 발달된 나라일수록 생태계의 다양한 풍경과 관계들을 놀이 속에 풍부하게 반영하고 있었습니다. 해당 지역의 주요 생물들을 등장시키는 창작놀이들은 특히 인상적이었습니다.

그때부터 한반도의 자연을 놀이 속에 담기 위한 고민이 시작되었습니다. 우리 숲속의 나무들, 우리 하늘의 철새들, 우리 땅의 동물과 곤충과 개구리들을 하나하나 떠올려보았습니다. 그리고 그 생물들의 특징, 역할, 관계를 반영한 새로운 놀이들을 만들어 현장에서 시험해보았습니다. 어색한 규칙이나 서툰 진행 방식은 조금씩 고쳐나갔습니다.

이 책에는 그렇게 만들고 다듬어온 열 개의 창작놀이들이 실려 있습니다. '플라나리아 먹이 사냥' '거미는 공중에 그물을 쳤다' '애벌레, 꼭꼭 숨어라' '가창오리 살려!' '기러기야, 떼를 지어라' '재두루미 살아남기' 등등. 모두 오랜 관찰과 고민의 결과물이지만, 그중에서도 '버드나무와 말똥게 그리고 너구리'는 한강 하구의 보석으로 손꼽히는 장항습지의 실제 생태계를 그대로 옮겨놓은 최고의 작품이라 자부합니다.

전 세계 자연교육 현장에서 널리 활용되는 놀이들도 책에 담았습니다. 가령 3장의 '박쥐와 나방'은 미국의 자연교육자이자 '셰어링 네이쳐(Sharing Nature Worldwide)'의 설립자인 조셉 코넬(Joseph B. Cornell)이 창안해서 보급한 유명한 놀이입니다. 우리에게 많은 가르침과 영감을 선사해준 고마운 놀이이기도 합니다.

2. 플로 러닝 : 네 개의 단계와 하나의 흐름

이 책에는 각 장별로 하나씩 네 마리의 동물이 나옵니다. 수달, 까마귀, 곰, 돌고래 순서입니다. 이 동물들은 조셉 코넬이 사람들을 자연으로 안내할 때 적용한 '플로 러닝(Flow Learning)'의 각 단계들을 상징합니다.

플로 러닝은 하나의 목적을 향하여 물 흐르듯이 이어지는 놀이나 활동을 통해 배우는 것을 말합니다. 그 흐름은 다음과 같습니다.

▶ 1단계(수달) : 열의를 일깨운다.

수달은 거의 하루 종일 장난을 치며 지냅니다. 어른이 되어서도 장난을 계속하는 유일한 동물입니다. 늘 기쁨이 흘러넘치지요. 수달처럼 재미있고 활동적인 놀이를 통해서 '하고 싶은' 마음을 갖게 만드는 단계입니다.

▶ 2단계(까마귀) : 주의를 집중한다.

까마귀는 민첩하고 지적이며 주위에서 일어나는 모든 일들을 날카롭게 관찰하는 동물입니다. 오감을 집중하고 활용하는 놀이나 활동을 통해 감성을 높이고 관찰력을 기르는 단계입니다.

▶ 3단계(곰) : 자연을 직접 체험한다.

곰은 온몸으로 자연을 만납니다. 연어를 잡을 때는 물에 들어가 첨벙거리고, 나무에 오를 때도 온몸으로 기어오릅니다. 자연을 몸으로 직접 느끼는 놀이나 활동으로 자연과 일체감을 느끼는 단계입니다.

▶ 4단계(돌고래) : 감동을 나눈다.

돌고래는 무리 지어 생활하고 초음파를 이용하여 교신합니다. 동료를 소중하게 여기며 서로를 돌볼 줄 알고, 다른 생명체들도 배려하는 교감 능력이 뛰어난 동물입니다. 자연에서 얻은 영감을 서로 나누는 놀이나 활동을 통해 감동이 한층 더 깊어지고 유대감도 강해지는 단계입니다.

이 책에서도 이러한 흐름에 맞추어 30여 개의 놀이들을 네 개의 장으로 나누었습니다. 1장은 '몸과 마음 열어요'(수달), 2장은 '함께 알아봐요'(까마귀), 3장은 '온몸으로 놀아요'(곰), 4장은 '감동을 나눠요'(돌고래)입니다.

개별 놀이들 역시 마찬가지로 네 단계를 거치면서 하나의 큰 흐름으로 이어지도록 구성했습니다. 각 단계의 특징은 다음과 같습니다.

〈몸과 마음 열어요〉 놀이에 나오는 동물이나 식물들을 몸짓으로 표현해보면서 닫힌 몸과 마음을 열게 합니다. 놀이에 대한 관심과 흥미를 높여줍니다.

〈함께 알아봐요〉 놀이에 등장하는 생물들에 대한 생태 지식을 함께 묻고 답해가며 알아봅니다. 그 과정에서 해당 동식물들의 관계와 역할, 놀이 규칙 등을 자연스럽게 이해할 수 있고 놀이에도 쉽게 적용할 수 있습니다.

〈온몸으로 놀아요〉 놀이를 직접 체험하며 온몸으로 즐깁니다. 푹 빠져 놀면서 자연과 일체감을 느낄 수 있는 단계입니다.

〈감동을 나눠요〉 놀이 과정에서 생각하고 느꼈던 점들, 놀이를 통해 얻은 감동과 영감을 서로 표현하고 나누며 공감하는 단계입니다.

준비에서 나눔에 이르는 이 단계들이 놀이 속에서 자연스럽게 하나로 이어진다면 생태놀이의 재미와 감동이 더욱 커지리라 믿습니다.

3. 생태놀이 안내자가 살펴야 할 것들

생태놀이는 아이들이 자연의 아름다움과 신비로움을 깨닫고, 재미와 감동을 느끼고, 생명 존중의 태도와 상생의 가치관을 배울 수 있는 소중한 기회입니다. 따라서 안내자의 역할이 매우 중요합니다.

생태놀이를 창작하거나 진행할 때 안내자가 반드시 살펴야 할 내용은 다음과 같습니다.

❶ 재미와 즐거움이 있어야 한다.

❷ 놀이를 통해 자연생태를 느끼고 이해할 수 있어야 한다.

❸ 자연을 해치지 않고 평화롭게 만날 수 있어야 한다.

❹ 놀이 장소와 시기를 정할 때는 생태환경을 충분히 고려해야 한다.

❺ 놀이 규칙은 최대한 단순해야 한다.

❻ 경쟁이나 승부욕을 부추기지 말고 협력을 통해 즐거움을 느끼도록 한다.

❼ 준비물은 단순해야 하고, 되도록 현장의 자연물을 활용하는 게 바람직하다.

놀이를 하다 보면 아이들이 승부에 집착하기 쉽습니다. 생태놀이 안내자는 놀이가 지나친 경쟁으로 흐르지 않도록 각별히 주의를 기울여야 합니다. 처음부터 놀이 규칙을 비경쟁적으로 만드는 것도 좋은 방법입니다.

가령 1장의 '자연은 살아 있다'에서는 가위바위보를 해서 진 쪽에게 선택권을 줍니다. '달팽이야 뛰어라!'에서도 가위바위보에서 진 모둠이 더 유리합니다. 2장의 '살살! 밤송이 옮기기'나 3장의 '애벌레, 꼭꼭 숨어라'에서도 무조건 빨리 끝내거나 많이 찾아오는 순서대로 순위를 매기지는 않습니다. 아이들이 자연에서 배워야 할 것은 치열한 경쟁이 아니라 아름다운 상생과 평화로운 균형이기 때문입니다.

좋은 생태놀이에 대한 오랜 고민과 모색과 경험을 한 권의 책으로 엮어 세상에 내놓습니다. 내용에서는 아직 부족함이 있지만 생태놀이를 통해 추구하고자 하는 가치만은 분명하게 담기 위해 노력했습니다. 우리의 부족함을 채우고 더 재미있게 발전시켜나가는 것은 이 책을 읽고 활용해주실 생태교육가들의 몫입니다.

우리 아이들을 지속가능한 세계의 주인공으로 키워나가는 데 이 책이 유용하게 쓰이기를 기대합니다.

제 4 장 **감동을 나눠요**

부록 그 밖의 알콩달콩 생태놀이들

제 1 장

몸과 마음 열어요

상징동물 : 수달

1 자연이랑 사람이랑 놀자

목　　표　자연과 친해지기
장　　소　교실, 강당, 운동장, 넓은 터
시　　기　사계절
대　　상　전학년
준 비 물　없음

놀이 대형

❖ 몸과 마음 열어요

낯선 사람을 처음 만났을 때 말도 잘 걸고 금방 친해지는 사람이 있어요. 하지만 어떻게 다가가야 할지 몰라서 서먹서먹해하거나 불편해하면서 괜히 딴전을 피우는 사람도 있어요. 이럴 때는 별 생각 없이, 별 준비 없이, 별 도구 없이 함께 놀면서 천천히 친해지는 게 제일 좋은 방법이지요. 놀이는 서로 가까워질 수 있는 최고의 수단이니까요. 우리에게 한없이 주기만 하는 자연은 언제나 좋은 친구예요. 자연과 친구가 되어 함께 놀아요.

》온몸으로 놀아요》

❶ "너하고 나하고 놀자, 어떻게? 요~렇게~ ♪♬"노래를 함께 불러본다.
❷ 다리를 어깨 넓이로 벌리고, 둘씩 짝을 지어 마주 보며 서로 손을 잡는다.
❸ "너하고(1박자) 나하고(1박자) 놀자(1박자) 어떻게?(1박자)"노래하며 박자에 맞춰서 팔과 몸을 좌우로 리듬감 있게 흔든 뒤 "요~렇게~ ♪♬(4박자)"할 때 손을 잡은 채로 한 바퀴 돈다.
❹ 그다음에는 서로 손목을 잡고 박자에 맞춰 흔들다가 "요~렇게~ ♪♬"할 때 돈다.

❺ 서로 팔꿈치나 어깨를 잡고 해본다. 그러는 동안 점점 더 가까워진다.

❻ "너하고 나하고 놀자"의 가사를 바꿔서 상대방의 이름을 넣어 부른다("철수하고 영희하고 놀자" "병삼이랑 항재랑 놀자").

손목   팔꿈치   머리

❼ 서로 머리를 마주 대고 떨어지지 않도록 조심하며 해본다.

❽ 손바닥, 손등, 주먹, 열 손가락, 한 손가락을 마주 대고 중간에 떨어지지 않도록 조심하며 똑같은 방법으로 해본다.

❾ 노래 가사를 "자연하고 사람하고 놀자"로 바꿔 부른다.

❖ 감동을 나눠요

함께 놀다 보면 저절로 친해져요. 몸을 맞대고 함께 부대끼며 놀다 보면 더 친해지고, 재미있어서 깔깔깔 웃다 보면 더더욱 친해져요. 친해지면 말 걸기가 쉽고 대답을 하기도 편해요. 처음에 느꼈던 어색함과 서먹서먹함은 어느새 흔적도 없이 사라져 버리지요. 너와 나는, 철수와 영희는, 자연과 사람은 이제 친해졌어요. 친구가 되었어요. 우리는 모두다 아름답고 소중한 친구들이랍니다.

2 자연은 살아 있다!

목 표	생태계 천적 관계 이해하기
장 소	교실, 강당, 운동장, 넓은 터
시 기	사계절
대 상	전학년
준 비 물	접시콘

놀이 대형

피식자   포식자

❖ 몸과 마음 열어요

잠깐 눈을 감고 내가 동물이 된다고 상상해보세요. 여러분은 어떤 동물이 되고 싶은가요? 쫓는 동물? 아니면 쫓기는 동물? 우선 다른 동물을 쫓는 동물로 변신하여 먹잇감을 쫓아가는 흉내를 내봐요. 그다음엔 반대로 쫓기는 동물이 되어 죽기 살기로 도망치는 흉내를 내봐요.

❖ 함께 알아봐요

자연 속에는 다양한 동식물들이 복잡한 먹이사슬로 얽혀 있어요. 그 속에서 서로 쫓고 쫓기며 잡아먹고 잡아먹히는 관계를 '천적 관계'라고 불러요. 작은 곤충들부터 큰 포유류까지, 자연에서는 지금 이 순간에도 쉴 새 없이 쫓고 쫓기는 일이 벌어지고 있어요. 단지 우리 눈에 띄지 않을 뿐이지요.

잡아먹는 일에 실패하면 배를 굶게 되고, 도망치는 일에 실패하면 생명을 잃게 되지요. 생존을 위해 잠시도 한눈팔 수 없는 곳이 바로 자연 생태계랍니다. 잡아먹기 위해 쫓는 동물은 '포식자', 살아남기 위해 피하거나 도망치는 동물은 '피식자'라고 불러요.

대표적인 천적 관계에는 어떤 동물들이 있을까요? 혹시 천적 관계가 뒤바뀌는 경우도 있을까요? 여러분이 자연 속 동물이 되어 천적 관계를 직접 체험해보기로 해요.

≫온몸으로 놀아요≫

❶ 둘씩 짝을 짓는다.

▷ 이 놀이는 오로지 두 사람끼리만 한다는 것을 이해시킨다.

❷ 두 사람이 의논하여 천적 관계의 동물 두 마리를 정한다.

▷ 뱀과 개구리, 쥐와 고양이 등 다양한 실제 천적 관계가 나오도록 이끌어준다.

❸ 가위바위보를 한다. 이긴 사람은 이겨서 기분이 좋으니까, 진 사람에게 동물 선택권을 준다. 진 사람은 두 동물 중 하나를 선택한다.

❹ 포식자가 피식자를 쫓아다닌다. 다음과 같은 경우에는 포식자-피식자 관계를 바꿔 진행한다.

● 포식자가 피식자를 쫓아가 등을 쳤을 때

▷ 너무 세게 치지 않도록 한다.

● 피식자가 도망 다니다가 정해진 구역을 벗어났을 때

▷ 구역 내부는 지구 생태계이고, 그걸 벗어나면 우주로 떨어진다고 미리 정해놓는다.

● 피식자가 걷지 않고 뛰어서 도망갈 때

▶ 무릎이 굽혀지면 뛴 것으로 간주한다.

● 피식자가 도망 다니다가 다른 동물과 부딪혔을 때

▶ 포식자는 부딪혀도 관계없다.

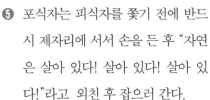

❺ 포식자는 피식자를 쫓기 전에 반드시 제자리에 서서 손을 든 후 "자연은 살아 있다! 살아 있다! 살아 있다!"라고 외친 후 잡으러 간다.

❻ 피식자가 등을 치이지 않으려고 몸을 돌려 포식자를 마주 보는 행위는 반칙으로 간주한다.

▶ 피식자는 무조건 도망치는 것이 자연스럽기 때문이다.

진행 tip >>

▶ **공간 표시** : 접시콘을 듬성듬성 놓아 생태계 공간의 경계를 표시한다.

▶ **공간 크기** : 인원수에 따라 달라지는데, 교실 한 칸이면 20명 정도 가능하다.

▶ 위 ❻번처럼 자연 현상과 어울리지 않는 행위를 하는 경우엔 잠시 놀이 공간 밖으로 나가서 쉬게 한다.

❖ 감동을 나눠요

쫓아가는 심정은 어떤가요? 쫓기는 심정은 또 어떤가요? 이 놀이를 하면서 어떤 생각과 느낌이 들었나요? 자연 속에서 수많은 동물들이 생존을 위해 얼마나 안간힘을 쓰는지 직접 체험을 통해 느껴보았을 거예요.

이 놀이에서는 중간중간에 쫓고 쫓기는 관계가 달라져요. 실제로 자연에서도 쫓고 쫓기는 관계가 뒤집혀서 나타나는 경우가 있어요. 예를 들면 뱀과 개구리가 그래요. 뱀이 개구리를 잡아먹는 게 당연한 것 같지만 가끔은 개구리가 뱀을 잡아먹는 광경이 목격되기도 해요. 커다란 황소개구리가 그 주인공이지요.

동물들의 성장 단계에 따라 처지가 정반대로 바뀌기도 해요. 다 큰 뒤에는 개구리가 잠자리를 잡아먹지만, 어릴 때는 잠자리 애벌레인 '수채'가 올챙이를 잡아먹어요.

독수리와 까치 중 누가 더 셀까요? 대부분이 독수리라고 대답해요. 하지만 자연 속에서 직접 관찰해보면 그렇지 않지요. 한반도에 찾아오는 독수리들이 겨울을 보내는 비무장지대 주변이나 경남 고성의 들판에서는 독수리가 까치나 까마귀에게 혼쭐나는 장면을 쉽게 볼 수 있어요. 독수리는 겉보기엔 새들의 제왕 같지만 사실은 스스로 사냥할 줄 모르는 둔한 새랍니다. 주로 죽은 짐승들을 먹이로 삼는데, 까치나 까마귀들이 떼로 공격하면 쩔쩔매며 먹이를 빼앗기곤 해요.

여기서 말하는 독수리는 영어로 '벌처(vulture)'라고 불러요. 그와 달리, 우리가 흔히 떠올리는 날렵한 독수리들은 영어로 '이글(eagle)'이고 이름도 종에 따라 다양해요. 참수리, 물수리, 흰꼬리수리, 검독수리 등등. 흔히 다 뭉뚱그려서 '독수리'라고 부르지만, 알고 보면 이글과 벌처는 전혀 다른 조류랍니다.

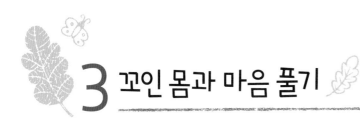

3 꼬인 몸과 마음 풀기

목 표	마음 나눠 친해지기	
장 소	강당, 운동장, 넓은 터	
시 기	사계절	
대 상	3~6학년	
준 비 물	없음	

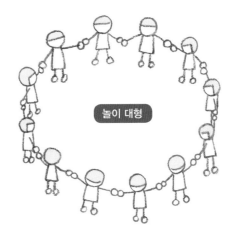

놀이 대형

❖ 몸과 마음 열어요

살다 보면 이것저것 꼬일 때가 있어요. 일이 꼬일 때도 있고, 인간관계가 꼬일 때도 있지요. 누군가와 관계가 꼬이면 마음이 몹시 불편해지고 힘들어져요. 이럴 때 어떻게 풀면 좋을까요? 이 놀이를 하며 슬기로운 지혜를 찾아보아요.

〉〉온몸으로 놀아요〉

놀이 인원은 10~20명이 적절하다. 그 이상이면 두 모둠으로 나눠서 한다.

[1단계 : 꼬기]

❶ 둥그렇게 원을 만들어 안쪽을 보고 선다.

❷ 옆 사람의 손을 잡는다.

❸ 자기 좌우에 있는 사람이 누구인지 확인하고, 자기 왼손과 오른손이 옆 사람의 어떤 손을 잡고 있는지 잘 기억해둔다.

❹ 손을 놓는다.

❺ "뒤죽박죽 마구마구 섞으세요" 하면 원 안쪽에서 각자 이리저리 움직이며 위치를 바꾼다.

❻ 그러다가 "멈춰요!" 하면 그 자리에 선다.

❼ 맨 처음 손을 잡았던 사람을 찾아서 처음과 똑같이 잡는다. 너무 멀어서 손이 잡히지 않을 때는 조금 이동해서 잡아도 된다.

❽ 모두가 손을 잡으면 이리저리 복잡하게 꼬인 상태가 된다.

2단계 : 풀기

❾ 그 상태에서 손을 놓치지 않고 꼬인 상태를 차근차근 풀도록 한다. 다른 사람의 팔을 넘어갈 수도 있고, 팔과 팔 사이를 통과할 수도 있다.

⑩ 아무도 손을 놓치지 않은 채 잘 풀어서 원이 만들어지면 성공한 것으로 한다.

⑪ 너무 오래 못 풀고 있으면 진행자가 중간을 끊어서 풀고 다시 해본다.

3단계 : 달리해보기

⑫ 위치를 바꾸어 상대가 아까와 달라지도록 한다.

⑬ 손을 잡을 때 각자의 오른손이 상대방 왼손 위로 올라가도록 한다.

⑭ 같은 방식으로 진행하되, 다시 잡을 때의 손 위치가 반드시 처음과 같아야 한다.

⑮ 차근차근 풀도록 한다.

❖ 감동을 나눠요

어린이들도 어른 못지않게 꼬이는 일이 많아요. 집에서 는 부모님과 꼬이기도 하고 형제들과 꼬이기도 해요. 학교에서는 친구와 꼬이기도 하고 어떨 때는 선생님 하고 꼬이기도 하지요. 이럴 때 너무 서둘러서 억지로 풀려고 하면 오히려 더 복잡하게 꼬이거나 아예 풀지 못할 정도로 헝클어져버려요.

실이 엉켰을 때 한 올 한 올씩 차근차근 풀어내듯, 누군가와 관계가 꼬였을 때도 찬찬히 나를 돌아보고 상대를 살피다 보면 풀 수 있는 길이 보이기 시작해요. 꼬이지 않게 처음부터 서로 조심하고 배려하는 것이 최선이겠지만, 세상에 완벽한 사람은 없겠죠? 이 놀이를 하다 보면 뜻하지 않게 관계가 꼬여서 해결이 막막할 때 잘 풀어내는 지혜를 배울 수 있어요.

4 네 몸을 맡겨봐

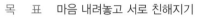

목 표	마음 내려놓고 서로 친해지기
장 소	강당, 운동장, 넓은 터
시 기	사계절
대 상	3~6학년
준 비 물	없음

놀이 대형

❖ 몸과 마음 열어요

너와 나 그리고 우리! 공동체에서 서로 이해하고 의지하는 모습은 참으로 아름답지요. 배려하는 마음, 도우려는 마음, 서로 아껴주는 마음을 통해 사람과 자연을 사랑할 수 있어요. 그 첫걸음은 서로 간의 자연스러운 '접촉'이랍니다. 눈과 눈, 손과 손, 마음과 마음이 맞닿으면 믿음이 생기고, 나중엔 상대에게 모든 걸 내맡길 수 있어요.

〉〉온몸으로 놀아요〉

❶ 여럿이 빙 둘러서서 원을 만들고, 한 사람을 지정하여 원 가운데에 눈을 감고 팔짱을 낀 채로 서게 한다.

❷ 원을 이룬 사람들은 두 손을 가슴 높이로 올린 상태에서 손바닥을 앞으로 향하여 미는 자세를 취한다.

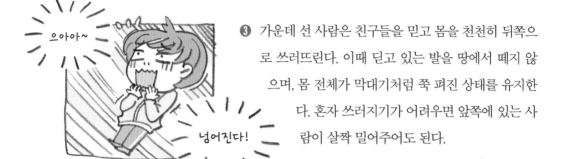

❸ 가운데 선 사람은 친구들을 믿고 몸을 천천히 뒤쪽으로 쓰러뜨린다. 이때 딛고 있는 발을 땅에서 떼지 않으며, 몸 전체가 막대기처럼 쭉 펴진 상태를 유지한다. 혼자 쓰러지기가 어려우면 앞쪽에 있는 사람이 살짝 밀어주어도 된다.

❹ 원을 이룬 사람들은 자기 쪽으로 쓰러지는 친구를 손바닥으로 안전하게 받쳐준다. 그런 다음에 천천히 다른 방향으로 밀어준다.

❺ 받쳐주고 밀어주는 동작을 부드럽게 이어서 연속적으로 한다.

❻ 중간중간에 역할을 바꿔서 가운데 사람 역할을 다들 한 번씩 해본다.

❖ 감동을 나눠요

누군가를 믿고 내 몸을 완전히 맡긴다는 것은 쉬운 일이 아니에요. 왠지 망설여지고 자꾸만 멈칫거리게 돼요. 아직은 불안감과 두려움이 존재한다는 뜻이지요. 하지만 서로 몸을 맞대고 연습하다 보면 조금씩 마음이 편해지고, 나중엔 전혀 불안하지 않아요. 비로소 서로에 대한 믿음이 생긴 것이지요.

누군가에게 나의 속마음을 있는 그대로 내보이는 것은 몸을 내맡기는 것 못지않게, 어쩌면 훨씬 더 어려운 일입니다. 그래도 자꾸 만나고 이야기하고 나누는 연습을 하다 보면 지금보다 훨씬 친해지고 사이가 깊어질 거예요.

내 몸과 마음을 믿고 맡길 수 있는 친구가 있다는 건 커다란 행운이에요. 하지만 저절로 되는 건 아니고, 연습이 필요하지요. 오늘 함께했던 즐거운 놀이가 그 첫걸음이 되지 않았을까요?

5 달팽이야, 뛰어라!

목 표	달팽이의 움직임 몸으로 표현하기
장 소	운동장, 넓은 터
시 기	봄, 여름
대 상	전학년
준 비 물	없음

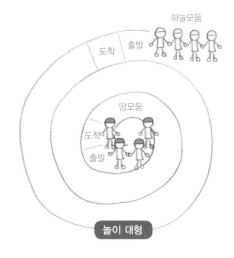

놀이 대형

❖ 몸과 마음 열어요

달팽이가 춤추는 모습을 본 적이 있나요? 몸을 집 밖으로 내밀고 더듬이를 쭉 뻗은 채 꼬물꼬물 춤추는 달팽이를 보면 입가에 저절로 미소가 떠올라요. 자연의 생명체들은 자세히 보면 다 그렇게 귀엽고 사랑스럽답니다.

우리 몸을 달팽이 모양으로 한번 만들어볼까요? 몸을 구부려 고개를 숙이고 앉은 뒤 팔로 다리를 감싸고 두 손으로 깍지를 껴요. 등을 최대한 높여서 달팽이처럼 튀어나오게 하면 좋겠네요. 그 자세로 최대한 빨리 움직여봐요. 어른 걸음으로 1시간이면 보통 4킬로미터 정도 이동한다고 하는데, 달팽이 자세로 움직인다면 어느 정도나 이동할 수 있을까요?

달팽이 몸을 만들어 시계 반대 방향으로 움직여봐요. 한 바퀴 돌고 일어나서 빠른 걸음으로 이동해보고 뛰어도 봐요. 뛸 수 없는 달팽이를 대신해서 마음껏 달려보기로 해요.

❖ 함께 알아봐요

연체동물인 달팽이는 느린 동물의 상징이지요. 집을 짊어지고 다녀서 느린 건지, 아니면 워낙 느려서 집이라도 지고 다니며 위험에 대비하는 것인지 궁금하네요. 아마도 동작이 너무 굼떠서 천적들에게 쉽게 잡아먹힐 수 있기 때문에, 위험하다 싶을 때 재빨리 딱딱한 집 속에 숨기 위한 전략이 아닐까 싶어요.

달팽이는 1시간에 8.6미터 정도 이동한다고 해요. 어린이들도 겨우 몇 초 만에 갈 수 있는 짧은 거리지요. 녀석들도 마음속으로는 바람처럼 빨리 달리고 싶어 하지 않을까요?

≫온몸으로 놀아요≫

❶ 땅 위에 나선형의 놀이판을 그린다. 놀이판에는 안쪽 출발지와 바깥쪽 출발지가 있다. 각 출발지에 출발 칸과 도착 칸을 그려둔다.

❷ 두 모둠으로 나눠 이름을 정한다. ▶ 하늘과 땅, 꽃과 나비, 나무와 새 등

❸ 가위바위보를 하여 진 모둠이 안쪽 또는 바깥쪽 출발지를 선택한다. 모둠원들은 달리는 순서를 정하고 차례대로 줄을 선다. ▶ 1번 주자, 2번 주자, 3번 주자…

❹ "출발" 신호와 함께 각 모둠의 1번 주자가 길을 따라 상대편 출발지를 향해 달린다. 중간에 만나면 서로 인사를 하고 가위바위보를 한다.

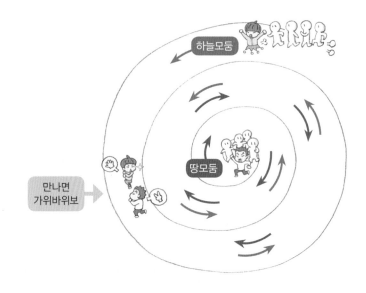

❺ 진 사람은 계속 앞으로 달려가고, 이긴 쪽에서는 즉시 그다음 주자가 출발한다. 이긴 사람은 출발지로 되돌아가 자기 모둠의 맨 뒤에 선다.

▶ 대부분의 놀이는 가위바위보에서 이긴 쪽이 유리하게 진행되지만 이 놀이에서는 반대로 가위바위보에서 진 쪽에 우선권을 준다. 경쟁이나 승패에 너무 집착하지 말자는 취지인데, 이런 규칙이 아이들을 헷갈리게 하면서 놀이를 한층 재미있게 만들어준다. 물론 여느 놀이처럼 가위바위보에서 이긴 사람이 계속 달리도록 규칙을 정할 수도 있다.

❻ 달리다가 중간에서 만나면 ❹, ❺와 같이 한다.

❼ 계속 앞으로 가서 상대 모둠 출발지의 도착 칸을 밟게 되면 "만세"를 부른다.

❽ "만세"가 되면 안과 밖 출발지를 바꾸어 다시 시작한다.

▶ 게걸음(옆걸음), 오리걸음, 깽깽이걸음(한 발로 뛰기) 등으로 바꿔서도 해본다.

❖ 감동을 나눠요

달팽이 길로 이동할 때 어떤 느낌이 들었나요? 속도가 느린 달팽이는 어떤 심정으로 살아갈까요? 달팽이뿐 아니라 거북이, 지렁이도 느린 축에 속해요. 달팽이는 집으로 숨고, 거북이는 딱딱한 등껍질 속에 숨고, 지렁이는 흙 속에 숨는 걸 보면 느린 동물은 숨는 게 생존 전략인가 봐요. 느리면 느린 대로 살아가는 저마다의 방법을 터득하고 있는 셈이지요. 사람들 중에도 행동이나 성격이 급하고 빠른 사람이 있고 느린 사람이 있어요. 빠르다고 더 잘살거나 행복한 건 아니랍니다. 그런 건 각자 타고난 특성일 뿐이니까요. 가끔씩 춤을 추며 하루하루 꿋꿋하게 살아가는 달팽이처럼, 우리 역시 느리면 느린 대로 얼마든지 행복한 삶을 살아갈 수 있을 거예요.

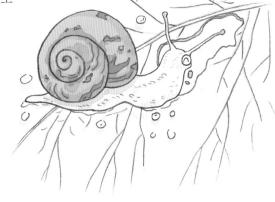

6 창작 놀이 새들의 날갯짓을 보라!

목 표	새들이 날아가는 모습 몸으로 표현하기
장 소	강당, 운동장, 넓은 터
시 기	가을, 겨울
대 상	전학년
준 비 물	없음

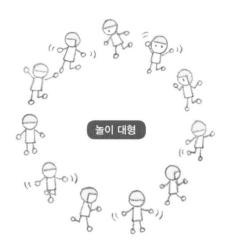

놀이 대형

❖ 몸과 마음 열어요

새가 푸른 하늘을 훨훨 날아요. 그걸 보면 누구나 새처럼 자유롭게 날고 싶다는 생각을 하지요. 각자 알고 있는 새들 중에서 하나를 정하고 그 날갯짓으로 하늘을 나는 꿈을 꿔봐요. 훨훨! 신나 게 날아요. 시계 방향으로, 반대 방향으로 돌며 즐겁게 날아봐요.

펭귄도 조류에 속해요. 하지만 날지 못해요. 빙하 위로 비상을 꿈꾸는 펭귄의 뒤뚱뒤뚱 귀여운 몸 짓도 한번 흉내 내봐요.

❖ 함께 알아봐요

사람들의 걷는 모습이나 뛰는 모습을 관찰해보면 가지각색이지요. 발걸음 모양, 보폭, 팔 흔드는 방향 및 높이가 저마다 조금씩 달라요. 새들은 어떤가요? 유심히 관찰해보아요.

동네에서 늘 보는 참새, 까치, 비둘기, 물가에서 날아오르는 오리, 가을과 겨울에 저녁노을 너머로 하늘을 수놓는 기러기, 우아한 몸짓으로 탄성을 자아내는 두루미, 새들의 제왕이라는 독수 리⋯⋯. 다들 나는 모습이 제각각이에요. 우리 조상들은 그 모습들을 시, 음악, 그림, 춤, 생활용품, 공예품 등에 담아냄으로써 우리의 삶과 문화를 풍요롭고 아름답게 가꾸어왔어요.

혹시 새와 관련된 춤을 본 적이 있나요? 대표적인 게 바로 학춤이에요. 동래학춤, 양산학춤, 울산학춤 등등. 학(두루미)의 움직임과 나는 모습에 그 지역 사람들의 정서와 생각을 담아 표현한 춤이지요. 우리도 새들이 나는 모습을 자세히 관찰하고 따라하며 재미있는 춤을 만들어보면 어떨까요?

〉〉온몸으로 놀아요〉

❶ 습지에서 볼 수 있는 새들이 어떤 종류인지 알아본다(까치, 오리류, 기러기류, 백로, 재두루미, 황조롱이, 독수리 등).

❷ 까치의 날갯짓을 알아보고 흉내 내며 날아본다.
  ▶ 팔을 옆으로 반쯤 뻗어 노를 젓듯이 앞에서 뒤로 돌리며 날갯짓을 한다.

❸ 오리의 날갯짓을 알아보고 흉내 내며 날아본다.
  ▶ 오리류는 날개가 작고 날갯짓이 매우 빠르다. 팔을 옆구리에 반쯤 붙이고 손을 위아래로 빠르게 파닥거리며 날갯짓을 한다.

❹ 기러기의 날갯짓을 알아보고 흉내 내며 날아본다.
  ▶ 기러기는 오리보다 날개가 크고 날갯짓이 느리다. 팔을 반쯤 옆으로 뻗어 나비처럼 팔랑팔랑 날갯짓을 한다.

❺ 두루미의 날갯짓을 알아보고 흉내 내며 날아본다.
  ▶ 두루미는 기러기보다 날개가 크고 날갯짓이 느리며 날개 끝이 손가락처럼 갈라져 있다. 팔을 옆으로 쭉 뻗고 손가락을 벌려 너울너울 날갯짓을 한다.

❻ 독수리의 날갯짓을 알아보고 흉내 내며 날아본다.

▶ 팔을 옆으로 쫙 펴 크게 날갯짓을 한 다음, 기류를 타는 행글라이더처럼 날개를 정지시킨 채 유유히 이동한다.

❼ 모둠을 나눠 여러 새들의 날갯짓을 연결한 춤을 만들어 발표한다.

진행 tip ≫

▶ 새처럼 몸을 약간 굽히고 머리를 앞으로 내미는 자세를 취하면 더욱 실감이 난다.

▶ 목 길이, 다리 길이 등 새의 신체적 특징까지 흉내 내면 더 재미있다.

▶ 새가 나는 모습을 담은 사진이나 동영상 자료를 감상한 후 활동하면 좋다.

❖ 감동을 나눠요

새들이 나는 모습은 다 엇비슷할 거라고 생각하기 쉬워요. 하지만 자세히 관찰하면 몸집, 날개 크기, 날개 모양, 사는 곳 등에 따라 나는 방법이 모두 다르다는 걸 금방 알 수 있어요.

독수리를 동물원이 아닌 야생에서 직접 본 사람은 매우 드물 거예요. 겨울철에 강원도 철원, 경기도 파주, 경남 고성 등에 가면 하늘을 나는 독수리를 쉽게 관찰할 수 있어요. 그토록 큰 새가 날갯짓을 거의 하지 않으면서도 하늘을 유유히 나는 신비로움을 생생히 만날 수 있지요. 새들이 날아가는 비결은 어쩌면 날개에만 있는 게 아닐지도 몰라요. 스스로 찾아보고 더 알아보면 좋겠어요.

직접 흉내 내본 뒤에 그 새에 대해 공부하면 훨씬 친근하게 느껴지고 이해도 잘 될 거예요. 이제 저 멀리 날아가는 새들의 날갯짓만 봐도 오리인지 기러기인지 두루미인지 독수리인지 알 수 있으니, 새 전문가가 다 된 셈이네요.

제 2 장

함께 알아봐요

상징동물 : 까마귀

7 똑같은 자연물을 찾아라

목 표	식물을 자세히 관찰하고 분류하기
장 소	운동장, 넓은 터
시 기	사계절
대 상	전학년
준 비 물	넓은 천, 지퍼 봉지 또는 채집통

놀이 대형

❖ 몸과 마음 열어요

우리 서로를 잠깐 관찰해볼까요? 친구들이 나랑 어떤 공통점이 있고 어떤 차이점이 있는지 찬찬히 살펴봐요. 그리고 안내자가 지시하는 내용에 따라서 같은 점을 지닌 사람들끼리 헤쳐모여요. 성별이 같은 사람! 안경 쓴 사람! 성씨가 같은 사람! 윗옷 색깔이 같은 사람! 바지 색깔이 같은 사람! 또 어떤 공통점들을 찾을 수 있을까요?

❖ 함께 알아봐요

학교숲이나 화단에는 다양한 풀과 나무가 살고 있지요. 풀꽃이나 나무마다 잎의 생김새가 다르고, 꽃도 다르고, 열매도 달라요. 자세히 관찰하지 않고 머리로만 생각하면 다 똑같은 잎이고 비슷비슷한 꽃이라 생각하고 무심코 넘어가버리기 쉬워요. 관찰은 자연과 사람과 세상을 이해하는 데 아주 중요한 수단이며, 새로운 것을 발견하게 하는 힘이랍니다.

같은 것인지 다른 것인지 쉽게 구별하는 방법은 무엇일까요? 실제 활동을 해보면 저절로 알 수 있을 거예요.

≫온몸으로 놀아요≫

❶ 2~4명을 한 모둠으로 구성한다.

❷ 안내자가 주변에서 미리 채집해 온 풀잎과 나뭇잎, 꽃, 열매 등을 넓은 천 위에 펼쳐놓고 생김새와 특징을 자세히 관찰한다. ▶ 자연물 개수는 5~7개가 적당하다.

❸ 모둠별로 흩어져서 조금 전에 관찰했던 것과 똑같은 자연물을 종류별로 1개씩 찾아 채집통이나 봉지에 담는다.

❹ 정해진 시간이 지나면 다시 모인다.

❺ 처음에 관찰했던 자연물들을 안내자가 하나씩 들어 보이며, 각 모둠에서 찾아온 자연물들 중 똑같은 것이 있는지 확인한다.

❻ 다 함께 그 자연물의 특징을 자세히 관찰하며 이야기를 나눠본다.

❼ 가져온 자연물들을 원래 장소로 갖다놓는다.

❽ 자연물 종류를 달리하여 위 과정을 한 번 더 할 수도 있다.

진행 tip ≫

▶ 안내자는 미리 준비해 온 자연물뿐 아니라 학생들이 혼동하기 쉬운 주변의 엇비슷한 자연물들에 대해서도 미리 파악해두는 게 좋다.

▶ 꽃, 잎, 열매 등을 가급적 따지 말고 땅에 떨어져 있는 자연물을 활용하도록 한다.

❖ 감동을 나눠요

같은 것을 찾을 때 가장 쉬운 방법은 무엇인가요? 놀이를 하면서 새롭게 생각하거나 배우고 느낀 점은 무엇인가요? 자세히 관찰하면 늘 지나치던 곳에서도 새로운 것을 발견할 수 있어요. 바로 그게 발견의 기쁨이지요.

그 기쁨은 저절로 찾아오지 않아요. 일단 관심을 가져야 관찰하게 되고, 그러면 평소에 보지 못했던 새로운 사실을 알게 된답니다. 늘 우리 주변에 있는데도 여태 모르고 지내다가 오늘 비로소 알게 된 풀꽃과 나무들이 있을 거예요. 이제 다시 만나면 반갑게 이름을 불러줄 수 있겠지요?

사람도 자연과 똑같아요. 서로 관심을 갖고, 좋은 점을 찾아주고, 이름을 불러주고, 사랑을 베풀면 지금보다 훨씬 즐겁고 행복해질 거예요.

8 더듬더듬 찾는 보물

목　　표	다양한 감각기관으로 자연 느끼기
장　　소	교실, 운동장, 넓은 터
시　　기	사계절
대　　상	전학년
준 비 물	물체 주머니, 눈가리개, 다양한 자연물(잎, 열매, 벌집 등)

놀이 대형

❖ 몸과 마음 열어요

둘씩 짝을 지어 마주 봐요. 인사도 하고요. 한 사람은 눈가리개를 해요. 다른 사람은 두 손 중 한 손을 내밀어 왼손인지 오른손인지 상대가 알아맞히도록 해봐요. 그다음엔 손가락 하나를 내밀어 어떤 손의 어떤 손가락인지 알아맞히게 해요. 서로 역할을 바꿔서 같은 방법으로 해봐요.

❖ 함께 알아봐요

물질문명이 발달할수록 인간은 편리한 삶에 길들여져서 아름다움을 느끼는 신체의 감각 능력이 점점 퇴화되어간다고 해요. 자연의 아름다움을 거의 느끼지 못하며 살고 있는 것이지요.

텔레비전, 컴퓨터, 스마트폰에 둘러싸여 있는 요즘 어린이들의 현실을 들여다보면 문제의 심각성을 금방 알 수 있어요. 영상과 게임 같은 시각적 자극에 하루 종일 노출되어 있고 청각, 후각, 촉각 같은 다른 감각들의 활용 기회는 갈수록 줄어들고 있지요. 특정 감각에만 치우친 생활환경은 정서적 안정과 전인적인 성장 발달을 방해하여 조화롭고 행복한 삶을 누릴 수 없게 만들어요.

이 놀이는 우리 몸의 감각을 일깨우는 촉감 놀이랍니다. 자신의 촉감 능력이 어느 정도인지 한번 알아볼까요?

》온몸으로 놀아요》

❶ 모둠을 구성하여 동그랗게 앉는다.

❷ 눈가리개로 각자 눈을 가린다.
  ▶ 안내자는 물체 주머니 속에 자연물 하나를 넣는다.

❸ 물체 주머니에 들어 있는 정체불명의 자연물을 한 사람씩 차례로 만져본다.
  ▶ 이때 말을 하지 않고 상상력을 최대한 발휘하도록 한다.

❹ 눈가리개를 풀고 한 사람씩 돌아가며 주머니 속 물체의 느낌을 이야기한다.

❺ 서로 의논하여 모둠 답을 발표하고 나면 안내자가 주머니 속 물체를 공개한다.

❻ 다른 자연물을 넣어 다시 해본다.

❼ 자연물 종류를 달리하여 위 과정을 한 번 더 할 수도 있다.

❖ 감동을 나눠요

만져만 봐도 무엇인지 바로 아는 사람이 있는가 하면, 잘 모르는 사람도 있어요. 시력과 마찬가지로 촉각도 사람마다 조금씩 달라요. 촉각이 발달한 사람은 아마 손재주도 그만큼 뛰어날 거예요. 어릴 적부터 다양한 감각을 발달시키면 뇌 발달에도 크게 도움이 된답니다.

숲에서는 다양하고 신비로운 감각을 경험할 수 있어요. 아름다운 새소리를 들을 수 있고, 낙엽과 흙의 푹신함을 느낄 수 있고, 여러 가지 잎과 열매를 맛보거나 냄새를 맡아볼 수도 있지요.

인간의 감각 기능을 발달시킬 수 있는 다양한 요소들로 가득한 숲은 효과적인 감각 체험 교육장으로 활용되고 있어요. 학교숲을 잘 가꾸면 바로 그곳이 어린이들을 위한 최적의 배움터가 되는 셈이지요. 근처에 산이 있고 숲이 있다면 더할 나위 없고요.

9 요지경 속 하늘과 숲

목　표	하늘과 숲을 다른 눈으로 바라보기
장　소	운동장, 넓은 터
시　기	사계절
대　상	전학년
준 비 물	하늘걷기거울(뱀눈거울)

놀이 대형

❖ 몸과 마음 열어요

하늘을 거꾸로 바라본 적이 있나요? 숲속에서 물구나무를 선 채 하늘을 바라본 적은요? 하늘과 땅이 뒤바뀌고 나무가 거꾸로 자라는 것처럼 신기한 장면이 연출될 거예요.

허리를 숙여 두 손으로 발목을 잡고 다리 사이로 하늘을 보고 숲도 봐요. 제자리에서 한 바퀴 돌며 관찰해도 좋아요. 좀 어지럽고 힘이 들지요. 이런 풍경을 훨씬 쉽게 볼 수 있는 신기한 거울이 여기 있어요. 이름하여 하늘걷기거울!

≫온몸으로 놀아요≫

❶ 하늘걷기거울을 하나씩 나눠준다.
❷ 거울의 오목한 부분이 콧등에 걸쳐지도록 한다.
❸ 거울에 비친 풍경을 관찰한다.
❹ 거울 각도를 다양하게 움직여본다.
❺ 제자리에서 한 바퀴 돌며 관찰한다.

❻ 느리게 이동하며 거울에 비친 풍경을 관찰한다.

❼ 거울에 비친 풍경 중 인상적인 장면을 그림으로 표현한다.

❖ 감동을 나눠요

자연에는 사람과 다른 눈을 가진 동물들이 많이 있어요. 뱀 눈, 잠자리 눈, 물고기 눈 등은 살아가는 환경과 필요에 따라 발달해온 신체기관이지요. 사람의 눈과 다른 눈으로 세상을 바라보았을 때 어떻게 보이는지 이 놀이를 통해 체험해보았어요.

다른 동물의 눈으로 세상을 바라보는 경험을 한번쯤 해보면 우리의 눈이 얼마나 소중한지도 새삼 깨달을 수 있겠지요.

10 열매 소리통 놀이

안내자

놀이 대형

❖ 몸과 마음 열어요

늦가을 낙엽이 지면 가지에 매달린 열매나 씨앗들이 더욱 돋보여요. 침이 고이게 하는 붉은색, 잘 익은 느낌이 드는 빨간색, 매혹적인 자주색, 따뜻한 느낌을 주는 노란색이나 주황색……. 만져보면 딱딱한 것도 있고 말랑말랑한 것도 있고 푸석푸석한 것도 있어요. 어떤 열매는 비비면 강한 향이 나기도 해요.

모양도 가지각색이에요. 먹기 좋게 동그란 모양이 있고, 어떤 것은 길쭉하기도 하며, 가시가 있어 날카롭기도 해요. 크기도 천차만별이고요.

여러분들은 어떤 열매를 좋아하나요? 자기가 좋아하는 열매에 대해 이야기해볼까요? 그 열매 모양으로 몸을 만들어 이리저리 굴러볼까요?

≫온몸으로 놀아요≫

❶ 한 모둠을 10명 이내로 구성하여 둥그렇게 모여 앉는다.

❷ 안내자는 미리 준비한 열매들(도토리, 콩, 도꼬마리 열매, 은행, 오리나무 열매, 쥐똥나무 열매, 향나무 열매 등) 중 하나를 아무도 모르게 통에 넣고 뚜껑을 닫는다.

❸ 한 명씩 차례대로 통을 받아 흔들며 안에 있는 열매를 상상하고, 다른 사람들은 그 표정을 관찰한다.

❹ 그런 다음 한 명씩 돌아가며 뚜껑을 열고 혼자만 확인한다. 다른 사람들은 그 표정을 관찰한다.

❺ 열매를 꺼내 무엇인지 확인한다.

❻ 친구들이 지은 표정의 의미와 열매의 특징에 대해 이야기를 나눈다.

❼ 열매의 종류를 바꾸어서 해본다.

❽ 같은 열매를 여러 개 넣고 흔들면서 몇 개인지 알아맞히게 해본다.

❾ 서로 다른 열매들을 넣고 진행하면서 같은 종류인지 아닌지 맞혀본다.

진행 tip ≫

▶ 각자 여러 가지 열매나 씨앗을 종류당 1개씩 준비해 오도록 한다.
▶ 열매 소리통은 구입하거나 요구르트병을 활용한다.
▶ 놀이 중간에 말을 하지 않도록 한다.

❖ 감동을 나눠요

어떤 열매 소리가 제일 듣기 좋았나요? 열매의 특징과 열매가 내는 소리는 어떤 관계가 있나요? 상대방의 표정으로 속마음을 어느 정도나 읽을 수 있을까요?

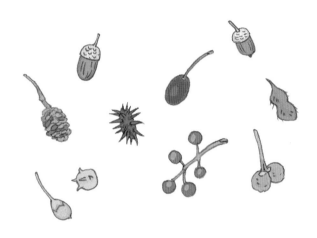

가을이면 알록달록 단풍이 들며 나무들이 고운 옷을 입어요. 가까이 다가가 살펴보면 마치 예쁜 단추처럼 열매나 씨앗들이 달려 있어요. 여자아이들이 좋아하는 보석 같은 자줏빛 작살나무 열매, 발그레한 자홍색 화살나무 열매, 노란 껍질이 벌어지며 튀어나올 듯 주홍 보석을 내미는 노박덩굴 열매, 꽃으로 착각할 정도로 고운 꽃받침이 열매를 감싸준 진보랏빛 누리장나무 열매, 진한 녹색 틈에서 눈에 쏙 띄는 말랑말랑 빨간 주목 열매, 잎은 다 떨어지고 열매만 주렁주렁 달린 길쭉한 산수유 열매 등 귀엽고 예쁘고 앙증맞은 열매들이 어린이들의 눈길을 확 끌어요.

그뿐인가요? 어딘가 장난기가 많아 보이는 도토리, 까만 민머리처럼 맨질맨질하고 한입 털어 넣으면 다디단 까마중 열매, 비비면 진한 향이 풍기는 산초나무 열매, 온몸에 갈고리를 달고 있는 신기한 모양의 도꼬마리 열매, 솔방울을 축소한 모양의 오리나무 열매 등이 어린이들의 손길을 끌어당기지요.

열매나 씨앗은 가능한 한 멀리 퍼져 자손을 최대한 퍼뜨리는 게 가장 큰 목표예요. 열매 소리통 놀이는 재미있게 놀면서 식물의 번식도 도와줄 수 있는 좋은 놀이랍니다.

11 살살! 밤송이 옮기기

목 표	배려와 협력하는 마음 기르기
장 소	밤나무가 있는 숲
시 기	가을
대 상	전학년
준 비 물	없음

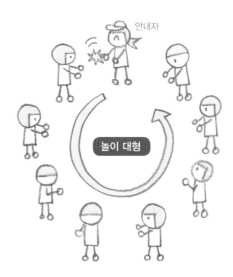

안내자

놀이 대형

❖ 몸과 마음 열어요

가을 산에 가면 여기저기 뒹굴고 있는 밤송이들이 보여요. 밤톨이 빠져나간 뒤 입만 반쯤 헤벌리고 있어요. 벌에 쏘여서 벌어진 걸까요? 몸집이 커지고 무거워져서 그럴까요? 왜 그렇게 되었는지 궁금해요. 자, 지금부터 올해 떨어진 밤송이들을 모아볼까요?

❖ 함께 알아봐요

밤송이의 안과 겉을 꼼꼼하게 살펴보아요. 얼마나 큰 밤이 몇 개쯤 들어 있었을지 상상해보세요. 조심조심 손바닥에 올려놓고 무게도 한번 느껴볼까요?
고슴도치 같은 밤송이를 맨손으로 만지기는 쉽지 않지요. 밤송이로 어떤 놀이를 할 수 있을까요?
찔리지 않게 조심조심 다루며 밤송이 옮기기를 함께 해보아요.

≫온몸으로 놀아요≫

❶ 모둠별로 둥그렇게 선다. ▶ 모둠별 인원은 7~8명 정도가 적당하다.

손바닥으로

❷ 두 손을 모아 밤송이를 손바닥에 받아서 옆 사람에게 조심스럽게 전달한다.

❸ 떨어뜨리면 그 자리에서 다시 시작한다.

❹ 밤송이 5~6개를 연달아서 옮긴다.

손등으로

❺ 손바닥으로 옮기기가 끝나면 손등으로 받아서 옮긴다.

❻ 손끝으로 집어서 옮기기, 주먹 위에 받아서 옮기기 등 다양한 방법으로 해본다.

손으로 집어서

❼ 모은 밤송이로 여러 가지 조형물(동물, 건축 등)을 만들어본다.

진행 tip ≫

▶ 여러 가지 작은 열매를 다양한 방법으로 옮겨본다.
▶ 동물들이 열매 옮기는 방법을 상상하고 함께 이야기해본다

❖ 감동을 나눠요

밤송이에는 셀 수 없을 만큼 많은 가시들이 촘촘하게 달려 있어요. 함부로 손으로 만졌다가는 따끔 찔리기 십상이지요. 그래서 옆 사람에게 옮길 때 함부로 휙휙 건넬 수가 없어요. 무조건 빨리 옮기려 하기보다는 옆 사람이 찔리지 않도록 조심스럽게 건네는 것이 서로에 대한 올바른 배려겠지요?

밤은 여러 동물들이 아주 좋아하는 양식이에요. 하지만 밤이 익기도 전에 다 먹어버리면 밤나무의 번식이 이루어 질 수 없어요. 밤송이에 가시가 그렇게 많은 건 다 익을 때 까지 열매를 보호하기 위한 밤나무의 생존 전략이랍니다. 밤이 충분히 익으면 밤송이가 벌어지면서 땅에 떨어져요. 그러면 다람쥐나 청설모가 겨울 식량을 저장하기 위해 밤을 여기저기 숨기는데, 그중에서 남은 밤들이 흙속에서 겨울을 보낸 뒤에 봄에 싹을 틔워 자라게 돼요. 밤나무는 그렇게 해서 동물들도 배불리 먹이고 자기의 후손들도 만들어 내는 거지요.

12 도토리야, 굴러라!

목 표	도토리와 동물들의 먹이 관계 이해하기
장 소	강당, 운동장, 넓은 터
시 기	가을
대 상	전학년
준 비 물	'도토리야, 굴러라' 놀이 천, 도토리

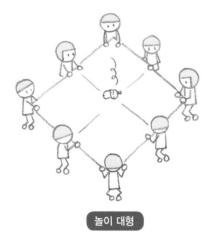

놀이 대형

❖ 몸과 마음 열어요

가을이 되면 도토리가 톡 떨어져요. 밤송이도 툭 하고 떨어져요. 참나무류(떡갈나무, 신갈나무, 상수리나무, 졸참나무, 굴참나무, 갈참나무 등)에 달리는 열매를 도토리라고 해요. 다람쥐, 청설모, 어치, 반달가슴곰 등 겨울나기 준비를 하는 숲속의 동물들에게는 매우 귀한 식량이지요.

상수리나무
도토리

떡갈나무
도토리

갈참나무
도토리

졸참나무
도토리

신갈나무
도토리

굴참나무
도토리

가을에 숲에 가면 도토리를 물고 있는 어치, 입안에 여러 개를 넣어 뺨주머니가 볼록한 다람쥐, 낙엽 밑에 도토리를 숨기는 청설모 등의 모습을 쉽게 볼 수 있어요. 어치는 다른 말로 '산까치'라고도 불러요. 알록달록 깃털을 갖춘 멋진 새랍니다.

도토리를 물고 날아가는 어치가 되어볼까요? 입안에 도토리를 가득 채운 다람쥐의 모습을 흉내 내볼까요? 아니면 다른 동물들 몰래 재빨리 도토리를 낙엽 속에 숨기는 청설모 흉내를 내볼까요?

❖ 함께 알아봐요

도토리를 좋아하는 동물들은 그 밖에도 아주 많아요. 멧돼지도 있고, 도토리거위벌레처럼 아예 이름에 도토리가 들어가는 녀석도 있어요. 물론 사람들도 무척 좋아해서 다양한 음식의 재료로 쓰이지요. 하지만 뭐니 뭐니 해도 최고의 도토리 먹보는 어치랍니다. 청설모는 도토리보다 잣을 더 좋아한대요.

다람쥐는 겨울 식량을 미리 준비하기 위해 도토리 껍질을 벗기고 땅속에 묻어요. 청설모는 땅을 4~10센티미터 깊이로 파고 도토리를 묻은 다음 낙엽으로 덮는데, 땅속은 습도가 높은 데다 낙엽 이 보온 효과를 발휘해 도토리가 싹을 틔우기에 아주 좋은 조건이에요. 어치는 하루에 자그마치 100~300개의 도토리를 땅속에 저장해요.

이렇듯 도토리는 다람쥐, 청설모, 어치를 키우고 다람쥐, 청설모, 어치는 도토리가 열리는 참나무 를 키워요. 아주 멋진 공생 관계인 셈이지요. 자, 그러면 도토리와 다른 동물들의 관계를 생각하며 도토리를 굴려볼까요?

≫온몸으로 놀아요≫

❶ 4~8명씩 모둠을 짠다.

❷ 모둠별로 '도토리야, 굴러라' 놀이 천을 펼치고 가장자리나 모서리를 잡는다.

❸ 처음에는 도토리를 나무 그림의 뿌리 부근에 올려놓는다.

❹ 도토리를 천 위에서 굴려가며 쉬운 동물부터 먹인다. 곰, 멧돼지, 청설모, 다람쥐, 어치, 도토리 거위벌레 순이다. 도토리가 해당 동물의 주둥이나 부리에 멈추면 성공한 것으로 간주한다.

❺ 사람에게 먹일 때는 왼손, 오른손, 양손 그림 순서로 도토리를 옮긴다.

> **진행 tip ≫**
>
> ▶ '도토리야, 굴러라' 놀이 천은 에코샵 홀씨(www.wholesee.com)에서 구입할 수 있다.

❖ 감동을 나눠요

땅속에 숨긴 도토리는 그 이후에 어떻게 될까요? 놀이 천 위에 사람의 왼손, 오른손, 양손 등 세 가지 그림이 있는 까닭은 무엇일까요? 산에 사는 동물들의 겨울나기를 돕는 방법에는 어떤 게 있을까요?

다람쥐, 청설모, 어치 등은 자기가 꽁꽁 숨겨놓은 도토리의 70~95퍼센트를 찾지 못하고 잃어버린다고 해요. 원래는 먹으려고 숨긴 거지만, 결과적으로는 도토리 씨앗을 여기저기 멀리 퍼뜨려 새로운 싹이 나오도록 하는 일등공신인 셈이지요.

그런데 사람들이 숲을 샅샅이 뒤져 도토리를 싹쓸이해가는 바람에 굶주리는 동물들이 늘고 있대요. 가끔 멧돼지가 마을까지 내려와 문제가 되는데, 원인은 식량 부족이에요. 멧돼지에게 도토리는 죽느냐 사느냐를 가름하는 소중한 주식이랍니다. 사람에게는 단지 간식일 뿐이지만요. 숲속 동물들이 겨우내 걱정 없이 살아갈 수 있도록 도토리를 넉넉히 남겨두는 배려가 절실하게 필요해요. 지구에는 사람만 존재하는 게 아니니까요.

제 3 장

온몸으로 놀아요

상징동물 : 곰

13 무논에 푹푹 빠진 날

목　표	논 습지의 소중함 깨닫기
장　소	논
시　기	모내기 이전
대　상	전학년
준비물	발수건

놀이 대형

❖ 몸과 마음 열어요

도시에 살다 보면 맨발로 흙을 밟아볼 기회가 거의 없지요. 오늘은 신발과 양말을 모두 벗어 던지고 흙 위를 걸어보기로 해요. 논둑과 풀밭 위를 사뿐사뿐 걸으며 발바닥에 닿는 부드럽고 푹신한 촉감을 느껴봐요. 그런 다음 논으로 들어가 미끌미끌한 논흙에 푹푹 빠져보아요.

❖ 함께 알아봐요

논은 늘 축축하게 젖어 있는 습지예요. 농부들은 모내기 전에 물을 찰랑찰랑하게 채워 흙을 고른 뒤 모를 심어요. 벼가 자라는 동안에는 물을 채워두고, 벼가 익은 뒤에는 물을 빼내고 추수를 해요. 그리고 봄이 오면 벼농사를 짓기 위해 다시 논에 물을 대지요. 물이 차면 흙은 다시 말랑말랑 미끌미끌해져요.

물이 고여 있는 논을 '무논'이라고 해요. 무논에는 벼뿐만 아니라 개구리밥, 가래, 말즘, 물수세미, 물옥잠화, 뚝새풀 같은 수생식물 또한 부지기수예요. 뿐만 아니라 메뚜기, 올챙이, 개구리, 뱀, 도롱뇽, 소금쟁이, 물방개, 장구애비, 송장헤엄치개, 물맴이, 물달팽이, 그리고 각종 곤충들의 애벌레들이 여기저기 움직이고 있어요. 꼬물꼬물 움직이는 작은 생물들을 살피다 보면 다들 신기해하고 푹 빠져들어 시간 가는 줄을 모르지요.

"뜸북 뜸북 뜸북새 논에서 울고~"로 시작되는 〈오빠 생각〉이라는 동요가 있어요. 논 생태계가 잘 보존되던 시절의 풍경이 담긴 노랫말이에요. 우리 조상들은 논에서 벼농사만 지은 게 아니고 논 두렁에도 콩이나 팥 같은 다양한 곡식들을 심었어요. 그 작물들은 들판에 사는 새들과 동물들의 먹이가 되었지요. 자연에서 얻은 수확을 다시 자연으로 되돌리는 조상들의 지혜를 엿볼 수 있어요. 덕분에 논은 다양한 동식물과 곤충들이 공존하는 안정적인 생태계가 될 수 있었답니다.
그러나 대량생산을 위한 경지 정리가 진행되면서 논두렁은 부드러운 곡선에서 단조로운 직선으로 바뀌었고, 사람조차 오갈 수 없는 좁은 길이 되어 더 이상 예전과 같은 다양한 곡식들을 재배하지 않게 되었어요. 농약과 살충제, 화학비료 등으로 인해 논 주위의 다양한 생물들도 모두 자취를 감춰버렸고요.
동요에 나올 정도로 친숙하던 뜸부기가 자취를 감춘 것도 논 생태계가 무너졌기 때문이에요. 곤충류나 달팽이 같은 먹잇감들이 사라졌으니 뜸부기가
더 이상 논에 둥지를 틀 수 없는 거지요.

논두렁을 따라 걷다가 무논에 발을 푹 담가보세요. 아주 시원하고 상쾌한 느낌이 들 거예요. 논에서 자라고 있는 벼가 이산화탄소를 흡수하고 산소를 만들어내고 있기 때문이지요. 벼는 증산작용을 통해 대기의 온도를 식혀줘요. 지구온난화가 심각한 문제가 되고 있는 지금 전 세계가 아시아의 논 습지를 주목하는 이유가 바로 여기에 있어요.

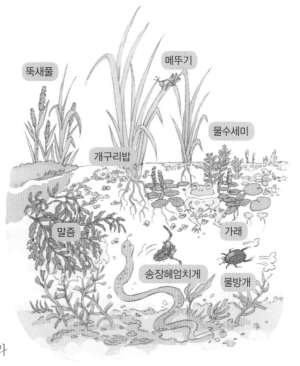

논에는 홍수 조절 기능도 있어요. 여름철에 비가 많이 올 때 물을 가둬두는 거대한 저수지 역할을 하기 때문이지요. 뿐만 아니라

지하수를 공급해주고 수질 오염을 줄이는 역할도 맡고 있어요.

이제 논이 얼마나 중요한 곳인지 알 수 있겠지요? 논은 우리의 주식인 쌀을 만들어내는 곳이지만 그게 다가 아니에요. 숲과 하천을 자연스럽게 연결하는 생태축 역할을 하면서 한편으로는 수많은 동식물의 보금자리가 되는 곳! 그토록 중요한 곳이 바로 오늘 우리가 찾아온 논 습지랍니다.

≫온몸으로 놀아요≫

❶ 모내기를 하지 않은 무논 주변에서 양말을 벗고 맨발을 주무른다.

❷ 논두렁 위의 풀밭을 살살 걸어본다.

❸ 논 안으로 천천히 들어간다.

❹ 이리저리 푹푹 빠지며 자유롭게 다닌다.

❺ 논에 사는 생물들을 관찰한다.

❻ 진흙으로 모둠별 조형물 만들기를 한다.

❼ 푹 빠져서 즐겁게 논 뒤 밖으로 나와 발을 씻고 발수건으로 물기를 닦는다.

❖ 감동을 나눠요

논에 들어가기 전의 느낌은 어땠나요? 직접 논에 들어가서 놀아본 소감은? 논이라는 장소는 사람들에게 어떤 의미가 있을까요?

우리가 먹는 밥이 어디서 오는지 머리로 아는 것과 실제 체험으로 아는 것은 전혀 달라요. 머리로만 생각하면 아주 맑고 깨끗한 물이 채워진 논에서 벼가 자라는 것으로 여길 수도 있겠지요. 하지만 막상 논에 들어가보면 생각보다 탁하고, 발이 푹푹 빠지고, 크고 작은 생물들도 굉장히 많이 살고 있다는 걸 알게 돼요.

논에 첫발을 디딜 때는 약간 꺼림칙한 느낌이 있지만 푹푹 빠져서 놀다 보면 그런 느낌이 싹 사라져버릴 거예요. 보들보들 미끌미끌한 그 느낌이 우리를 상쾌하게 해주고 마음을 꼭 붙잡아버리니까요. 갯벌 체험 못지않게, 어쩌면 그보다 훨씬 더 재미있는 게 바로 논 체험이랍니다. 오늘 논에 푹 빠져 놀았던 기억이 오랫동안 즐거운 추억으로 남게 될 거예요. 논의 소중함에 대한 깊은 깨달음도 함께 남아 있겠지요.

창작 놀이

14 플라나리아 먹이 사냥

목 표	플라나리아의 생태 이해하기
장 소	강당, 운동장, 넓은 터
시 기	봄, 여름, 가을
대 상	3~6학년
준 비 물	접시콘, 냄새가 강한 물질 (레몬, 귤, 식초 등)

플라나리아

놀이 대형

❖ 몸과 마음 열어요

플라나리아를 직접 본 적이 있나요? 깨끗하고 시원한 1급수 물에만 살기 때문에 쉽게 보기 어려운 생물이에요.

플라나리아는 '물속의 지렁이'라고 할 만해요. 지렁이가 기어가는 것처럼 몸을 움츠렸다 폈다 하면서 움직이거든요. 몸을 움직이며 물속에서 헤엄을 치기도 해요. 자! 한 마리 플라나리아가 되어 먹이 사냥을 떠나볼까요?

❖ 함께 알아봐요

플라나리아는 몸이 평평하고 한쪽 끝에 세모꼴의 머리가 달려 있어요. 얼핏 보면 거머리와 비슷하지만 머리 부분에 눈 두 개가 까맣게 보여서 거머리와 쉽게 구별할 수 있지요. 성숙한 플라나리아는 길이가 1~2센티미터 정도예요. 색깔은 주로 갈색인데, 주변 환경에 따라 짙거나 옅게 변하는 보호색을 갖고 있어서 우리 눈에 잘 띄지 않는답니다.

플라나리아의 몸은 '섬모'라는 작은 털로 덮여 있어요. 수천 개의 섬모를 움직이면서 날아가듯 우아하게 움직여요. 급할 땐 물고기처럼 몸을 저으면서 재빠르게 헤엄쳐 달아나기도 해요.

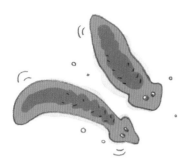

먹이를 향해 다가가면 플라나리아의 입이 열리면서 기다란 튜브가 나와요. 입은 몸 뒤쪽의 중앙에 있는데, 튜브 끝에 달린 작은 이빨로 먹이를 뜯어서 뱃속으로 보내요. 주요 먹이는 작은 수중생물이나 동물의 사체이고, 달걀노른자나 간 따위도 아주 좋아해요. 소화되지 않은 것은 입을 통해서 다시 밖으로 내보내요. 항문이 따로 없거든요.

플라나리아는 먹이를 찾을 때 고도로 발달된 후각을 이용해요. 물속에서 냄새를 맡아 먹이를 찾아내지요. 사람과 달리 녀석들의 눈에는 렌즈(수정체)가 없어서 물체가 보이지 않아요. 아주 희미하게 빛을 감지하는 정도에 그친다고 하네요.

플라나리아의 가장 큰 특징은 '재생 번식'이에요. 제 몸을 스스로 두 조각으로 갈라서 두 마리로 번식하지요. 늦가을에 수온이 낮아지면 짝짓기를 하여 알을 낳기도 해요. 한겨울엔 물속에서 자칫 얼어 죽을 수도 있는데, 알은 어떠한 추위에서도 살아남을 수 있으니 가장 확실한 번식 방법이지요.

수온이 낮고 깨끗한 물이 흐르는 개울이나 계곡의 돌이나 낙엽 밑을 들춰보면 플라나리아가 붙어 있어서 쉽게 채집할 수 있어요. 채집하여 관찰할 때는 다치지 않게 스포이트나 붓을 사용해요. 녀석들은 차가운 상태를 유지해야 하니까 햇볕에 노출되지 않도록 주의해야 해요.

》》온몸으로 놀아요》》

❶ 놀이 공간은 접시콘을 놓아 정한다. ▶ 10～15명일 때 교실 크기 정도면 적당함.

❷ 한 사람을 플라나리아로 정하고 눈가리개로 눈을 가린다.

❸ 나머지 사람들은 냄새를 풍기는 물질들을 손에 묻힌 다음 곳곳에 자리를 잡고 플라나리아의 먹잇감이 된다.

❹ 플라나리아는 냄새를 맡아가며 먹이를 찾는다. 먹이들은 발을 땅에서 떼지 않고 물결에 흔들리듯이 흐느적거리며 피한다.

발이 땅에서
떨어지면 안 됨!

❺ 플라나리아 손끝에 닿으면 먹이가 잡힌 것으로 한다.

❻ 플라나리아는 아침, 점심, 저녁 세 끼로 세 사람을 잡는다.

❼ 플라나리아가 하루 식사를 마치면 다른 사람으로 바꿔서 다시 시작한다.

❽ 플라나리아를 두 마리로 늘려서 해본다.

❖ 감동을 나눠요

플라나리아가 가까이 다가올 때 먹잇감들은 어떤 심정이었나요? 앞을 못 보는 상태에서 후각만을 이용하여 먹이를 찾는 플라나리아의 심정은 또 어땠나요? 시각 장애를 가진 사람들에게 몸의 다른 감각들은 얼마나 소중할까요?

제 몸을 갈라서 새로운 개체를 만들어 종족을 번식시키는 플라나리아는 아주 독특한 물속 생물이지요. 옛날부터 사람들은 동물의 생태를 관찰하며 생활에 유용한 아이디어를 많이 얻었어요. 플라나리아로부터 배운 것은 뭘까요? 다름 아닌 공중 급유! 비행기가 공중에 뜬 채로 급유관을 이용하여 다른 비행기에 기름을 넣어주는 건데, 플라나리아 배 부분의 튜브가 들어갔다 나왔다 하는 모습을 보고 착안한 것이라고 해요. 이 특별한 생물이 잘 살아갈 수 있도록 맑고 깨끗한 물을 보전하는 것이 우리의 일이겠지요?

15 거미는 공중에 그물을 쳤다

목 표	거미와 곤충의 생존 관계 이해하기
장 소	운동장, 넓은 터
시 기	봄, 여름, 가을
대 상	3~6학년
준 비 물	길고 가는 줄 2개

놀이 대형

❖ 몸과 마음 열어요

거미가 거미줄 위에서 움직이는 모습을 본 적 있나요? 그 모습을 한번 따라해봐요. 곤충들이 자유롭게 날아다니다가 거미줄에 걸린 순간을 떠올려보고, 이때의 모습을 상상하여 흉내 내봐요. 거미줄에 찾아오는 곤충이 없을 때 거미의 마음, 거미줄에 걸린 곤충을 향해 다가갈 때의 마음, 그리고 그 순간 곤충이 느낄 두려움 등을 헤아려보아요.

❖ 함께 알아봐요

들길이나 숲길을 걷다가 몸에 거미줄이 걸리면 놀라거나 불쾌해하는 사람들이 있어요. 그러나 거미가 어떻게 살아가는지 알게 되면 생각이 좀 달라질 거예요.

거미의 몸은 머리가슴과 배, 두 부분으로 구분되며 매우 가느다란 원통 모양인 배자루로 연결되어 있어요. 눈은 보통 홑눈으로 8개랍니다.

원시적인 거미는 땅속에 구멍을 파고 간단한 집을 짓고 살지만 진화된 거미들은 땅 위에 집을 짓고 살아요. 집을 짓거나 그물을 쳐서 한곳에 정착하는 '정주성 거미'와 떠돌이 생활을 하면서 먹이를 사냥하는 '배회성 거미'로 구분할 수 있어요.

내 집 어때?
초호화
스위트룸!

난 모든 땅이
내 집인데?

무당거미

한국땅거미

곤충을 좋아하는 어린이들도 유독 거미나 거미줄에 대해서는 혐오감이 크다고 해요. 거미줄 때문에 놀란 경험이 있거나 거미의 특이한 생김새에 대해 편견을 갖고 있기 때문일 거예요. 그렇지만 거미가 인간이나 가축에게 해를 끼치는 파리, 모기, 바퀴벌레 등을 잡아먹는 천적이라는 것, 산림 해충과 농사에 해로운 곤충들을 없애는 데 큰 도움을 준다는 것, 농약 대신 거미를 이용한 농사법이 있다는 것을 알면 거미를 보는 눈이 조금은 달라지지 않을까요? 거미줄이 비단실보다 3배 정도 질기고 거미줄로 옷을 만들 수 있다는 사실까지 알게 되면, 거미에 대한 관심이 한층 커질 거예요.

거미는 먹이를 얻기 위해 온 정성을 다해 줄을 쳐요. 항문에 가까운 배의 끝에 위치한 방적돌기 실샘에서 실을 생산해요. 먼저 세로줄로 얼개를 만든 다음 가로줄을 촘촘하게 치고, 누군가 걸려들기를 숨죽여 기다리지요. 눈은 어둡지만 거미줄의 미세한 떨림에 따라 먹잇감을 척척 구별하고 영리하게 움직인답니다. 파리, 모기, 메뚜기, 여치, 방아깨비, 잠자리, 등에, 하루살이, 풍뎅이, 사마귀, 나비, 벌 등 갖가지 곤충들이 걸려들어요.

그런데 거미는 어떻게 끈끈한 거미줄 위를 자유롭게 움직일 수 있을까요? 그 비밀을 밝혀낸 사람은 곤충학자 파브르예요. 기름이 잘 녹는 황화탄소 용액에 거미의 발을 씻긴 다음 거미줄 위에 다시 놓아주니 꼼짝을 못 하더래요. 거미의 발에서 거미줄에 달라붙지 않게 하는 기름이 분비된다는 사실을 이 실험을 통해서 알아냈어요. 한편, 가로줄과 세로줄 중에서 가로줄은 먹이 포획용 그물이라 심하게 끈적거리기 때문에 거미는 늘 세로줄 위로 다닌답니다.

꺅!
징그러!

모기
안 잡아줄까
보다

하루하루 살아가기 위해 치밀하게 준비하고 기다리는 거미의 삶을 놀이를 통해 체험해봐요. 그리고 곤충이 되어 거미줄을 아슬아슬하게 통과해봐요.

≫온몸으로 놀아요≫

❶ 한 모둠을 5~6명으로 하여 거미 모둠과 곤충 모둠으로 나눈다. 거미 모둠에게는 잘 끊어지지 않고 엉키지 않는 줄 2개를 마련해준다.

❷ 거미 모둠은 줄을 가지고 두 나무 사이에 얼기설기 거미줄을 친다. 중간중간 매듭을 짓거나 높낮이를 달리하여 곤충 모둠 친구들이 쉽게 빠져나갈 수 없도록 한다.

❸ 거미줄을 치고 난 뒤에 거미 모둠 원들은 나무에 바짝 붙어 조용히 지켜본다.

▶ 거미들이 줄을 친 후 조용히 숨어 있듯이

❹ 곤충 모둠은 각자 무슨 곤충이 되어 날 것인지 정한다. 그리고 어떻게 통과해야 거미줄에 걸리지 않을지 미리 궁리해본다.

❺ 한 명씩 차례대로 자기가 맡은 곤충의 흉내를 내면서 거미줄 사이를 통과한다.

❻ 줄이 조금이라도 움직이면 걸린 것으로 한다. 걸린 곤충은 거미 모둠원이 다가가서 줄 밖으로 데리고 나온다.

▶ 거미 모둠원들이 일부러 거미줄을 흔들지 않도록 한다.

❼ 곤충 모둠의 통과 시도가 끝나면 양쪽 모둠의 역할을 바꿔서 진행한다.

❖ 감동을 나눠요

거미줄에 걸린 상태에서 거미가 자기에게 다가올 때 어떤 느낌이 들었나요? 마지막 한마디를 남길 기회를 준다면 어떤 말을 하게 될까요?

자기가 쳐놓은 그물에 걸린 곤충을 바라보는 거미의 마음은 어땠나요? 미안한 마음? 아니면 고마운 마음? 곤충이 오랫동안 한 마리도 걸려들지 않으면 거미는 어떻게 살아갈까요?

이 놀이를 통해서 우리는 거미와 곤충이 서로 살아남기 위해 얼마나 애를 쓰는지 직접 몸으로 느껴봤어요. 이제 자연에서 만나는 거미와 곤충들의 처지를 더 잘 이해할 수 있을 거예요. 적어도 예전처럼 거미를 무조건 싫어하지는 않겠지요?

16 토끼와 여우

목　표	토끼의 생존 전략 이해하기
장　소	강당, 운동장, 넓은 터
시　기	사계절
대　상	전학년
준비물	접시콘

놀이 대형

❖ 몸과 마음 열어요

여우 울음소리를 들어본 적이 있나요? 고개를 뒤로 젖히며 길게 소리를 내봐요. 오우우우~ 오우우우~. 여우처럼 뛰어볼까요? 네 발로 서 있다가 제자리에서 높이 뛰어오른 다음 앞발부터 부드럽게 땅으로 내려앉아요.

토끼는 어떻게 뛰어가나요? 토끼가 뜀뛰는 모습을 흉내 내봐요. 뒷발은 나란히 모으고 앞발은 교대로 짚으며 깡충깡충 뛰어요.

❖ 함께 알아봐요

여우는 아주 꾀가 많은 동물로 알려져 있어요. 가축이나 사람을 잡아먹는 무서운 동물로 여겨지기도 하지요. 전래동화나 옛날이야기에 곧잘 등장하는 걸로 봐서 우리나라 어디서나 쉽게 만날 수 있는 동물이었음이 분명하지만, 지금은 동물원에서나 겨우 그 모습을 볼 수 있어요.

한국의 여우는 1960년을 전후하여 멸종된 것으로 여겨졌어요. 하지만 2004년에 강원도에서 여우의 사체가 발견되면서 아직 이 땅에 서식하고 있음이 확인되었답니다. 멸종 위기에 몰려 있는 한국과 달리 중국이나 일본에서는 지금도 야생에서 여우를 쉽게 관찰할 수 있어요.

여우의 먹이는 물고기에서 곤충까지 다양해요. 특히 쥐목에 속하는 작은 포유동물을 좋아해서 대륙밭쥐, 등줄쥐, 멧토끼, 고슴도치 등을 주로 사냥하지요. 하루에 1킬로그램 정도의 먹이를 먹어야 하는데, 토끼를 잡으면 배불리 먹을 수 있어서 무척 좋아할 것 같아요.

토끼는 크게 굴토끼류와 멧토끼류로 나뉘어요. 한반도 북부의 고산지대에서 드물게 발견되는 우는토끼도 있고요. 멧토끼와 굴토끼는 강력한 뒷다리로 이리저리 깡충깡충 뛸 수 있어요.

토끼는 약한 동물이기 때문에 몸을 피할 수 있는 굴이나 깊은 숲속에 살아요. 굴토끼나 멧토끼는 해질 무렵부터 새벽까지 활동하지만 우는토끼는 주로 낮에 활동해요. 초식동물인 토끼는 잘 발달된 앞니로 식물의 줄기를 자르고 나무껍질을 갉아먹는데, 닳아도 다시 쓸 수 있도록 앞니가 평생 동안 자란대요.

여우랑 토끼가 경주를 하면 누가 더 빠를까요? 당연히 여우가 빨라요. 여우의 달리기 속도는 시속 70킬로미터 정도인데 토끼는 시속 50킬로미터 정도밖에 안 되거든요. 그러니까 여우가 쫓아올 때 계속 도망만 다녀서는 살아남을 수 없겠지요. 그러면 토끼는 어떤 생존 전략을 써야 할까요? 정답은 '토끼굴'이에요. 토끼가 여우에게 쫓기다가 굴로 쏙 들어가버리면 제아무리 빠르고 꾀 많은 여우라도 어쩔 수 없는 거지요.

자, 이제 여우와 토끼 놀이를 해볼까요? 술래는 여우가 되어 날렵하게 토끼를 쫓아요. 여우에게 잡히지 않으려면 토끼들은 있는 힘을 다해 도망치다가 위급할 때 굴속으로 쏙 숨어들어야겠지요?

≫온몸으로 놀아요≫

❶ 여우 역할을 할 술래를 한 명 정한다.

　▶ 야외에서 할 경우 접시콘으로 놀이 구역을 표시한다. 20~30명 정도의 인원이 교실 두 칸 넓이의 공간에서 하면 적당하다.

❷ 누가 여우인지 쉽게 알 수 있도록 노란색이나 빨간색 손수건을 쥐게 한다.

❸ 나머지 사람들은 곳곳에 흩어져서 두 사람씩 손을 맞잡고 위로 올려 토끼굴을 만든다.

❹ 그중 몇 쌍만 안내자가 토끼굴로 정해준다. 나머지 사람들은 손을 놓고 모두 토끼가 된다. 토끼는 굴 개수보다 2~4마리 정도 많게 한다.

❺ 시작하면 여우는 "나는 여우다! 여우다! 여우다!"라고 외치며 토끼를 잡으러 뛴다.

❻ 토끼들은 도망치다가 위험할 때 굴속으로 들어가 숨는다.

❼ 굴에 숨은 토끼는 여우가 멀어진 뒤에 굴을 만들고 있는 두 사람 중 한 명을 밀어내고 굴이 된다. 굴이었던 사람은 토끼가 되어 도망 다닌다.

❽ 여우가 굴 밖에 있는 토끼를 치면 그 토끼가 술래, 즉 여우가 된다. 그리고 여우였던 사람은 토끼가 된다. 새로운 여우는 "나는 여우다! 여우다! 여우다!"를 외치고 토끼 사냥을 시작한다.

❾ 여우 한 마리를 더 늘려서 해본다.

❿ 잡힌 토끼를 곧바로 여우로 바꾸지 말고, 여우 한 마리당 토끼 세 마리가 잡힐 때까지 해본다. 잡힌 토끼들은 식량 창고 구역에 모여 있도록 한다.

❖ 감동을 나눠요

토끼를 쫓다가 놓쳤을 때 기분이 어땠나요? 여우에게 쫓기다가 아슬아슬하게 굴속으로 피신했을 때는 또 어떤 기분이었나요? 반대로 아슬아슬하게 여우에게 잡혔을 때의 기분은?

생태계에서는 먹이 관계에 따라 서로 먹고 먹히는 활동이 끊임없이 펼쳐져요. 잡아먹기 위해 최선을 다하는 동물과 살아남기 위해 사력을 다하는 동식물은 저마다의 독특한 생존 전략을 갖고 있지요. 토끼가 무작정 뛰는 대신 굴속으로 숨는 것처럼요.

자연에 대해 공부해보면 숲속에 있는 낙엽, 풀숲, 돌, 구멍, 동굴, 바위 등이 여러 생물들의 피신처가 된다는 걸 알 수 있어요. 우리들이 산이나 숲속에서 함부로 뛰고 파헤치고 간섭하면 다른 생물들의 은신처나 피신처를 망가뜨려 그들의 생존을 위협할 수도 있다는 뜻이에요. 제일 좋은 건 자연을 자연 그대로 온전하게 내버려두는 것이지요.

여우가 한 마리 늘어나면 토끼는 빠른 속도로 줄어들어 사라질 위험에 처해요. 반대로 여우(또는 토끼의 다른 천적)가 자연에서 완전히 사라지면 어떻게 될까요? 이 놀이는 생태계 평형이 왜 중요한지, 평형이 깨지면 어떻게 되는지를 우리에게 가르쳐주고 있답니다.

17 애벌레, 꼭꼭 숨어라

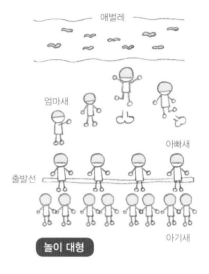

목　　표	새의 먹이활동과 애벌레의 생존 이해하기
장　　소	운동장, 넓은 터
시　　기	봄, 여름, 가을
대　　상	전학년
준 비 물	3~4cm 길이의 종이끈(빨강, 주황, 노랑, 초록, 보라, 갈색 각 20개)

❖ 몸과 마음 열어요

'일찍 일어나는 새가 벌레를 잡는다'는 서양 속담이 있지요. 일찍 일어난 새가 되어 벌레 사냥을 떠나볼까요? 주위를 꼼꼼히 살피며 먹잇감을 찾아요. 벌레가 보이면 날쌔게 잡아서 아기 새가 기다리는 둥지로 돌아오는 거예요. 그다음엔 벌레가 되어 꿈틀꿈틀 움직여봐요. 하늘에 새가 나타나면 잽싸게 몸을 움츠려 숨어보아요.

❖ 함께 알아봐요

작은 새들은 벌레를 주요 먹이로 삼고 있어요. 참새, 박새, 딱새, 뱁새, 곤줄박이, 딱따구리 같은 작은 새들이 큰 새들보다 벌레잡이를 더 잘해요. 풀잎이나 땅 위를 기어다니는 벌레를 찾기도 하고, 나무껍질을 쪼아 그 속에 숨어 있는 벌레를 찾아내기도 하지요.
봄이 되면 새들이 짝짓기를 하고 둥지를 틀어 알을 낳아요. 그 알들이 부화하면 어미 새는 새끼들을 먹이기 위해 부지런히 먹이를 잡아 나르기 시작해요. 하루에 자그마치 수백 번씩 먹잇감을 물어오는 새들도 있어요.

힘이 약한 곤충이나 애벌레가 살아남으려면 자기의 모습이 천적의 눈에 잘 띄지 않도록 해야 해요. 그걸 제일 잘하는 동물은 카멜레온이지요. 카멜레온처럼 주변 환경이나 배경과 비슷하게 바뀌는 몸 색깔을 가리켜 '보호색'이라고 해요. 개구리, 메뚜기, 배추벌레, 나방, 흰곰, 가재, 게, 플라나리아 등은 모두 보호색을 이용해서 스스로를 천적들로부터 보호해요.

'의태'라는 것도 있어요. 몸의 색깔뿐 아니라 생김새까지 주위 환경과 비슷한 것을 뜻해요. 움직이지 않으면 작은 나뭇가지와 잘 구분이 되지 않는 자벌레가 의태의 대표적인 사례랍니다.

'경계색'은 보호색과 반대로 오히려 눈에 확 띄는 색깔이나 모양을 의미해요. 빨리 잡아먹히고 싶어서 그런 색을 띠는 건 당연히 아니고요. 다른 동물들에게 미리 자기의 존재를 알리고 경고함으로써 스스로를 보호하려는 거예요. 무당개구리의 점박무늬, 말벌의 줄무늬, 뱀의 강렬한 색채, 노랑쐐기나방의 몸 색깔 따위가 대표적인 경계색에 속한답니다.

경계색의 일종인 눈알무늬는 곤충이나 작은 물고기에게서 주로 나타나는데, 새들의 천적인 뱀과 올빼미를 연상시켜요. 원 안쪽에 점이나 동그라미가 있어서 마치 커다란 눈처럼 보이거든요. 그 무늬를 갖고 있는 곤충들은 천적들로부터 효과적으로 자기를 지킬 수 있어요. 갑자기 나타나는 커다란 눈알무늬를 보면 새들이 깜짝 놀라서 몸을 피하거든요. 우리나라의 곤충들 중에서는 부처나비, 물결나비, 뱀눈나비, 그늘나비, 굴뚝나비, 태극나방 등이 날개에 눈알무늬를 갖고 있어요.

숨은 그림 찾기 : 개구리, 뱀, 플라나리아, 배추벌레, 나방, 달팽이, 가재, 고사리, 버섯

〉〉온몸으로 놀아요〉〉

❶ 6가지 색깔의 종이끈(빨강, 주황, 노랑, 초록, 보라, 갈색)을 색깔별로 20개씩 3~4cm 길이로 자른다. 그 종이끈들은 다양한 색깔의 애벌레임을 참가자들에게 설명한다.

❷ 세 명을 한 모둠으로 한다. 두 명은 어미 새(엄마, 아빠)가 되고 한 명은 아기 새가 된다.

❸ 안내자는 근처 풀밭이나 운동장에 애벌레들을 고루 뿌린다.

❹ 시작 신호와 함께 어미 새들 중 한 마리가 애벌레 사냥을 떠나고, 다른 어미는 둥지를 지킨다. 이 역할을 서로 번갈아 가며 맡는다.

❺ 한 번에 애벌레 한 마리씩만 잡아와서 먹인다. 아기 새는 양손을 모아 새 부리 모양으로 만들어서 먹이를 받는다.

❻ 정해진 시간이 지나면 모둠별로 아기 새가 받은 애벌레의 개수를 확인한다.

❼ 잡아온 애벌레들을 색깔별로 모으고, 가장 많이 잡힌 애벌레 색깔과 가장 적게 잡힌 애벌레 색깔을 알아본다.

❽ 어미 새와 아기 새 역할을 바꿔서 해본다.

❾ 찾아온 애벌레를 색깔별로 다시 비교해본다.

❿ 모두 어미 새가 되어 남은 애벌레들을 찾아온다. 가장 많이 찾아온 사람을 '눈 밝은 새'로 정
    하고 칭찬해준다.

❖ 감동을 나눠요

가장 적게 잡힌 애벌레는 어떤 색깔인가요? 많이 잡힌 애벌레와 적게 잡힌 애벌레의 색깔을 비교
해보면 어떤 차이가 있는지 금방 알 수 있지요. 주변의 색과 비슷한 색깔일수록 적게 잡히고, 눈
에 잘 띄는 색일수록 많이 잡혀요.

흥미로운 사실이 하나 있어요. 놀이 장소가 풀밭인 경우 초록색 애벌레가 제일 적게 잡힐 것 같은
데 실제로는 갈색이 훨씬 적게 잡혀요. 갈색 애벌레를 한 마리도 못 찾는 경우도 종종 있어요. 자
연에서는 갈색이 그만큼 보호 효과가 크다는 뜻이에요. 애벌레나 곤충들 중 갈색 계열이 많은 것
도 그 때문인 것 같아요. 흙, 낙엽, 나뭇가지 등이 전부 갈색이기 때문에 풀숲에서 갈색 먹이를 발
견하기가 쉽지 않은 모양이에요.

보호색, 경계색, 눈알무늬 중 어떤 생존 전략이 가장 지혜로워 보이나요? 여러분이 애벌레라면 과
연 어떤 전략을 선택할까요?

18 내 나무 어디 있니?

내 나무 어디 있니?

술래 공간

놀이 대형

목　　표	나무와 친해지고 소중하게 여기기
장　　소	나무가 있는 널따란 곳
시　　기	봄, 여름, 가을
대　　상	전학년
준 비 물	없음

❖ 몸과 마음 열어요

우리 주위에 나무들이 있어요. 마음에 드는 나무를 찾아가 인사하고 악수하고 꼭 껴안아준 다음 돌아오세요.

이번에는 자기가 안았던 나무 밑에 가서 잎 하나씩 주워 오세요. 어떻게 생겼는지 자세히 관찰해서 짝꿍에게 말해보아요.

다시 나무에게 가서 줄기의 굵기가 얼마나 되는지 자신만의 방법으로 알아보세요. 껍질 무늬나 촉감도 확인해보고요. 그 내용을 짝꿍에게 말해볼까요? 그다음엔 나무가 어떤 모습으로 가지를 뻗었는지 살펴보고 와서 흉내를 내볼까요?

나무마다 가지가 뻗은 모양이 다르지요? 우리의 체격과 몸짓이 조금씩 다른 것처럼, 나무들 역시 그렇답니다.

❖ 함께 알아봐요

나무는 사람에게 모든 것을 아낌없이 주고 있어요. 시원한 그늘과 맛난 열매, 집을 짓거나 가구를 만들 수 있는 목재, 깨끗한 공기와 쉼터……. 그뿐인가요? 우리가 숨바꼭질할 때 술래 기둥이 되어주고, 말타기할 때 든든한 등받이가 되어주고, 외나무다리 건너기 놀이도 할 수 있고, 매달릴 수도 있으며, 튼튼한 줄기와 가지를 타고 높이 올라갈 수 있어요. 산소를 만들어 우리를 숨 쉬게 하고 점점 뜨거워지는 지구를 조금이나마 식혀주는 역할도 죄다 나무의 몫이에요.

숲을 이루고 있는 나뭇잎들을 자세히 들여다보세요. 감나무나 미루나무처럼 둥근 잎도 있고, 단풍나무와 엄나무처럼 뾰족뾰족한 잎도 있어요. 버즘나무 같은 넓적한 잎, 은행나무 같은 하트 모양, 소나무와 메타세쿼이아 같은 바늘 모양 등 생김새가 아주 다양해요. 잎이 한 장인 것도 있고, 작은 잎들이 여러 개 모인 것도 있지요.
비슷한 것 같으면서도 저마다 조금씩 다른 나뭇잎은 햇빛을 받아 광합성을 하고, 그것을 통해 지구 모든 생명체들의 기초 영양소인 녹말을 만들어요. 식물의 영양분은 초식동물의 먹이가 되고, 초식동물은 다시 육식동물의 먹이가 되지요. 자연의 모든 생명체들은 이와 같은 먹이사슬 관계를 유지하면서 살고 있어요.

뿌리에서 올라온 영양분을 나뭇가지와 잎으로 전해주는 나무줄기를 만져보세요. 아주 다양한 질감을 느낄 수 있을 거예요. 가로줄무늬가 나 있는 느티나무는 단단하고 딱딱한 느낌이 들어요. 소나무 껍질은 거북이 등딱지를 닮았고요. 자작나무 껍질은 마치 하얀 종이 같아서 옛 선비들이 그 껍질 위에 글씨를 썼다고 해요. 자작나무 껍질에는 썩지 않는 성분이 있어서 심마니들은 소중한 산삼을 자작나무 껍질로 싸서

보관한답니다. 다양한 떨기나무(관목) 줄기는 강한 바람이 불 때 숲속의 큰 나무들이 바람에 부러지는 것을 막아줘요. 먹을거리가 부족했던 시절에 배곯는 사람들 얼굴에 피었다는 하얀 버즘을 닮은 버즘나무 줄기도 빼놓을 수 없지요.
가야금이나 거문고 같은 악기의 재료로 쓰였던 오동나무 줄기를 손바닥으로 세게 쳐보아요. 그러면 그 울림이 가슴속 깊이 파고드는 게 느껴질 거예요.

》》온몸으로 놀아요 》》

1단계

❶ 반경 5~7미터 안에 나무들이 사람 숫자만큼 서 있는 곳을 찾는다.

❷ 나무가 7그루인 경우 8명을 한 모둠으로 하고, 술래 한 사람을 정해서 적당한 위치에 세운다.

❸ 나머지 사람들은 주변의 나무들 중 한 그루를 자기 나무로 정하고 "나무야, 만나서 반가워" 인사하며 꼭 안아준다.

❹ 자기 나무를 정한 후 다른 친구들의 나무 위치를 확인한다.

❺ 술래가 "내 나무 어디 있니?" 하고 물으면 다들 "여기 있다!"라고 답하면서 다른 친구가 안고 있던 나무로 재빨리 이동해서 안는다. 이때 술래도 "여기 있다!"라고 외치며 재빨리 움직여서 다른 친구가 안고 있던 나무를 안는다.

❻ 같은 나무를 서로 안으려고 하는 경우, 먼저 두 팔로 껴안는 사람이 주인이다.

❼ 나무를 안지 못한 사람이 술래가 되어 놀이를 계속한다.

▶ 자기가 한 번 안았던 나무를 다시 안아도 상관없다.

[2단계]

나무를 옮길 때마다 자기가 안지 않았던 새로운 나무로 옮긴다. 나무를 못 안거나 한 번 안았던 나무를 또 안으면 그 사람이 술래가 된다.

[3단계]

술래는 나무를 안지 않고, "내 나무 어디 있니?" 한 다음 나무를 안지 못한 사람을 쫓아가 손으로 친다.

술래 손에 치인 사람이 새로운 술래가 된다.

▶ 나무 앞에서 기다렸다가 치면 무효이며, 반드시 쫓아가서 쳐야 한다.

❖ 감동을 나눠요

나무를 안았을 때 느낌이 어땠나요? 한참 뛰었으니 잠시 숨을 고르면서, 나무가 사람을 포함한 다른 동식물들에게 주는 도움을 생각나는 대로 한 가지씩 말해볼까요? 산소 생산, 홍수나 가뭄 예방, 먹을거리 제공, 목재, 종이, 땔감, 그늘 제공, 삼림욕(피톤치드), 쉼터, 놀이터, 새들의 둥지, 곤충 서식지, 아름다운 풍경, 초록빛, 산사태 예방, 뗏목 재료 등등.

이렇게 많은 도움을 주는 나무가 재미있게 놀아주기까지 하니 참으로 고맙지요? 자기 나무에게 다시 찾아가서 "나무야 고마워. 무럭무럭 잘 자라라. 나무야, 사랑해!" 하며 꼭 안아주고 돌아오세요. 처음에 안아줄 때보다 훨씬 더 친해진 것 같은 따뜻한 느낌이 들 거예요.

19 말똥게와 버드나무 그리고 너구리

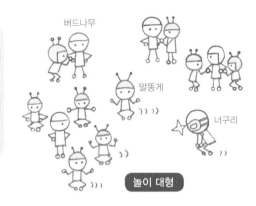
버드나무
말똥게
너구리
놀이 대형

목　　표	하구 습지의 생태와 공생 관계 이해하기
장　　소	강당, 운동장, 넓은 터
시　　기	봄, 여름, 가을
대　　상	3~6학년
준 비 물	너구리 가면(구멍 뚫은 눈가리개)

❖ 몸과 마음 열어요

민물과 바닷물이 만나는 강 하구(기수역)에 말똥게가 살고 있어요. 게를 생각하면 옆걸음이 제일 먼저 떠오르지요. 손가락으로 V자를 만든 다음 팔을 높이 들어 집게발처럼 움직이며 게걸음으로 걷거나 뛰어봐요.

너구리 흉내도 내봐요. 너구리처럼 네 발로 걷는 대신, 손으로 무릎을 잡고 걷거나 뛰어보세요. 둘씩 짝을 지어 한 사람은 너구리, 한 사람은 말똥게로 정한 다음 멀찌감치 떨어졌다가 신호와 함께 너구리가 말똥게를 쫓아가는 거예요. 서로 역할을 바꿔 가면서 신나는 추격전을 벌여보아요.

❖ 함께 알아봐요

경기도 고양시 한강변의 장항습지는 우리나라 4대강 중 유일하게 하굿둑이 없는 한강 하구에 있어요. 둑으로 막혀 있지 않아서 밀물 썰물 때 바닷물과 민물이 자연스럽게 섞이는 '기수역'이에

요. 해양 생태계와 담수 생태계가 만나 독특하면서도 풍부한 하구 생태계를 이루고 있지요.
장항습지를 대표하는 동식물은 다름 아닌 말똥게와 버드나무예요. 이곳은 말똥게의 굴이 1제곱미터당 33개나 될 정도로 많아요. 그리고 단일 장소로는 국내 최대 규모의 버드나무 군락을 이루고 있어요.

말똥게와 버드나무는 서로 살아가는 데 도움을 주는 공생 관계예요. 우선 버드나무는 말똥게의 먹이터 역할을 해요. 말똥게는 버드나무 밑에서 지내며 지렁이 같은 작은 생물을 잡아먹어요. 버드나무 잎이 썩으면서 만들어진 토양의 유기물을 걸러 먹기도 하고요. 나무 위에 올라가서 쉬기도 하고, 가지 틈새에 숨어서 천적으로부터 자신을 보호하기도 하지요.
그럼 말똥게는 어떻게 보답할까요? 말똥게가 파놓은 굴은 버드나무 뿌리의 깊이와 거의 같아요. 그 굴을 통해서 뿌리 끝까지 산소가 충분히 공급되고, 말똥게들이 유기물을 먹고 내뱉은 배설물이 거름 역할을 해줘요. 덕분에 이곳 버드나무들은 다른 지역 버드나무보다 생장 속도가 빠르고 영양 상태도 매우 좋답니다.
왜 이름이 하필이면 말똥게일까요? 먹을거리가 많이 부족하던 보릿고개 시절에 사람들이 이 게를 잡아서 삶아먹으려 했는데 말똥 비슷한 고약한 냄새가 풍겼대요. 그래서 그런 아름답지 않은 이름이 붙었다고 해요.

말똥게는 야행성이어서 낮 시간에는 어둡고 축축한 그늘에 숨어 있다가 밤에 주로 활동해요. 바다나 갯벌에서 주로 생활하는 여느 게들과 달리 말똥게는 육상화되어 있어서 강 주변의 수풀, 둑, 돌담 등지에서 살아요. 집게발의 힘이 엄청 강해서 자칫 손가락을 물리면 크게 다칠 수도 있답니다. 식성은 잡식이어서 식물, 작은 동물, 심지어 동물의 사체까지 뭐든 가리지 않고 잘 먹어요.
버드나무는 인류 최고의 의약품이라는 아스피린의 주원료가 되는 고마운 나무예요. 장항습지 버드나무 군락의 면적은 약 72헥타르이고, 연간 산소 발생량은 3,300톤으로 남산의 절반이나 돼요. 분수 효과를 통해 도시의 열섬화를 막아주고, 탄소 흡수량이 일반 활엽수에 비해 2.5배나 높아 공기를 맑게 해줘요.
전문가들의 조사에 따르면, 이곳 버드나무숲이 일산 지역의 여름철 기온을 평균 1~2℃나 낮춰준대요. 인과 질소의 흡수량이 높아서 수질정화 효과 또한 뛰어나다고 해요.

≫온몸으로 놀아요≫

1단계

❶ 20명일 경우 교실 2칸 정도 넓이의 놀이 공간을 정한다.

▶ 놀이 공간이 실제 생태 현장에서는 하구 습지이며, 이 놀이는 습지 생물들의 실제 관계를 반영한 것임을 이해시킨다.

말똥게   너구리

너구리 가면

❷ 너구리 한 마리를 정하여 너구리 가면을 씌운다. 나머지 사람들은 놀이 공간 곳곳에 넓게 흩어진다.

❸ 안내자가 버드나무 역할을 할 사람들을 정해서 고루 분포시킨다. 버드나무들은 손을 허리춤에 올린 채 서 있고 나머지는 말똥게가 된다. 말똥게가 버드나무보다 두세 명 많게 한다.

❹ 너구리는 제자리에서 "나는 너구리다! 너구리다! 너구리다!"라고 외치고 나서 말똥게를 잡으러 간다. 무릎에 양손을 짚고 이동하다가 말똥게를 손으로 쳐서 잡는다. 말똥게는 집게발을 움직이며 게걸음으로 도망친다.

❺ 위기의 순간에 말똥게가 버드나무를 붙잡으면 살 수 있다.

▶ 버드나무 한 그루에 말똥게 한 마리만 피할 수 있다.

버드나무

짠! 이미 있지롱

살았다?

어딧!

❻ 버드나무를 붙잡은 말똥게는 버드나무가 되어 그 자리에 머물고, 버드나무는 말똥게가 되어 도망 다닌다.

❼ 붙잡힌 말똥게는 너구리가 되어 "나는 너구리다!"를 외친 후 말똥게를 잡으러 간다. 조금 전의 너구리는 말똥게가 된다.

❽ 중간에 너구리를 한 마리 늘려서 진행할 수도 있다.

❖ 감동을 나눠요

너구리가 되어 말똥게를 잡았을 때의 기분은 어땠나요? 말똥게가 되어 너구리에게 잡혔을 때의 기분은? 쫓기던 말똥게가 버드나무로 안전하게 피신했을 때 너구리와 말똥게의 느낌은 또 어떻게 달랐나요?

생태계를 살펴보면 말똥게와 버드나무처럼 서로 협력하며 공생하는 모습을 많이 볼 수 있어요. 개미와 진딧물, 악어와 악어새, 동백나무와 동박새, 꽃과 곤충 등이 대표적인 사례지요. 우리는 어떤 생물들과 어떤 공생 관계를 맺고 있을까요? 혹은, 어떤 공생 관계를 맺는 것이 바람직할까요?

20 꿀을 지켜라!

목 표	꿀벌의 생태 체험하기
장 소	운동장
시 기	봄, 여름, 가을
대 상	3~6학년
준 비 물	솔방울 2개(꿀), 접시콘 2개(꿀단지), 선 긋기 도구

놀이 대형

❖ 몸과 마음 열어요

꿀을 찾아 떠나는 꿀벌의 비행을 체험해볼까요? 꿀벌은 꿀을 어디에 담아 올까요? 이 꽃 저 꽃으로부터 구한 꿀을 어떤 방법으로 운반할지 각자 상상해서 표현해보아요.

힘세고 사나운 말벌이 꿀을 훔치러 왔어요. 약한 꿀벌들이 어떻게 말벌을 물리칠지 모둠별로 멋진 작전을 짜볼까요?

❖ 함께 알아봐요

봄이 되면 여기저기 예쁜 꽃들이 피어나요. 그러면 꽃 주위에 벌들이 모이기 시작하지요. 부지런한 꿀벌들이에요. 회양목은 이른 봄에 아주 작고 노란 꽃을 피우는데 꿀벌들이 계속 모여들어요. 꿀이 아주 많은가봐요.

국화 종류의 꽃들이 피어나면 특히 꿀벌들이 많이 찾아와요. 쑥부쟁이, 벌개미취, 산국, 감국, 구절초, 코스모스 같은 국화과 꽃들에 수많은 벌들이 앵앵거려요.

꿀벌을 자세히 보면 앞다리에 노란 꽃꿀이 통통하게 붙어 있어요. 쉴 새 없이 꽃들 사이를 오가며 꽃꿀을 모아 벌집으로 나르겠지요. 꽃들은 꿀벌들을 향해 어서 오라고 손짓해요. 꿀벌이 꽃가루받이(수분)를 통해서 식물의 후손들을 여기저기로 퍼뜨려주거든요.

벌집에는 여왕벌이 있고, 여왕벌과 짝짓기를 하는 수벌이 있어요. 벌집을 지키는 보초병들도 있고요. 경험 많고 노련한 꿀벌들이 보초를 서는데, 부리부리 무섭게 행동해요. 우리가 벌에 쏘이는 건 대부분 보초병들의 공격 때문이지요. 때론 다른 집단의 꿀벌이나 말벌이 침입하기도 해요. 그러면 보초병들은 죽을힘을 다해 자기들의 집과 꿀과 애벌레들을 지켜내요.

일벌은 여왕벌이 알을 낳은 지 21일 후에 애벌레로 태어나요. 애벌레는 처음 3일 동안은 로열젤리를 먹고 그다음 3일 동안은 꿀과 꽃가루를 먹고 자라요. 그리고 약 12일 동안의 번데기 생활을 거쳐 어린 일벌로 태어나요. 그때부터 생을 마칠 때까지 꿀벌 사회에서 주어진 임무를 충실하게 수행한답니다. 일벌들의 임무는 크게 벌집 내부 일과 외부 일로 나뉘어요. 애벌레들을 돌보는 일은 늦게 태어난 일벌들이 맡고, 먼저 태어난 일벌들은 밖으로 나가서 꿀과 꽃가루를 모아 집으로 가져오지요.

말벌은 아주 무시무시하고 괴물 같은 침입자예요. 말벌 열 마리가 꿀벌 1~3만 마리를 한 시간 이내에 전멸시킬 수도 있다고 해요. 말벌의 공격에 맞서는 꿀벌들의 방어책은 '뜨거운 맛'을 보여주는 거예요. 수많은 꿀벌들이 말벌을 에워싸고 날갯짓을 해요. 그러면 중심 부위의 온도가 44~46℃까지 올라가고, 고열을 견디지 못한 말벌이 죽음을 맞게 되지요. 그 과정에서 수많은 꿀벌들이 함께 목숨을 잃지만, 소중한 집과 후손들을 지키기 위해 꿀벌들은 기꺼이 자기의 목숨을 던진답니다.

≫온몸으로 놀아요≫

❶ 땅 위에 놀이판을 그린다. 하늘 모둠과 땅 모둠으로 나눈 다음 각
모둠의 안마당을 정한다. ▶ 옷 또는 손목 띠 색깔로 모둠을 구별한다.

모둠 구별

❷ 모둠별로 자기네 안마당으로 들어간다. 안마당 맨 안쪽 구역에 꿀(솔방울)이 담긴 꿀단지(접
시콘)를 놓아둔다.

❸ 한쪽에서 "꿀을~"이라고 외치면 다른 쪽에서 "찾아라!" 하며 놀이를 시작한다. 일부는 보초
벌이 되어 꿀을 지키고 나머지는 사냥벌이 된다.

❹ 사냥벌들은 안대문 → 평화지대 → 바깥대문을 거쳐 바깥마당으로 나와서 상대편의 바깥대
문 → 평화지대 → 안대문을 지나 꿀단지를 향해 돌진한다. 중간에 상대편을 만나면 서로 밀
고 당겨서, 넘어지거나 금을 밟거나 벗어나면 죽는다.

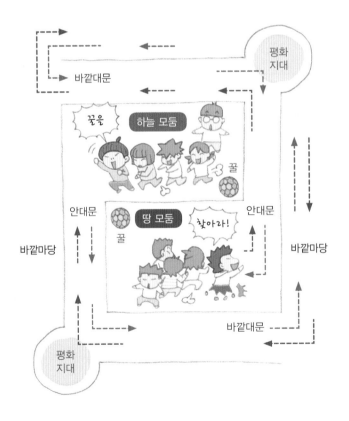

❺ 보초벌들은 안마당에서 상대편을 금 밖으로 내보내 죽일 수 있다.

❻ 평화지대에서 상대편을 만나는 경우에는 싸울 수 없다.

❼ 너무 심하게 밀거나 다리 걸기, 때리기 등 과격한 행동은 삼가도록 한다.

평화지대

❽ 상대편 꿀을 자기네 안마당 꿀단지에 무사히 가져다 놓으면 "만세!"를 세 번 외친다.

❾ 사냥벌이 꿀을 훔쳐 가던 도중에 죽게 되면 그 꿀은 다시 상대편의 꿀단지에 가져다 놓는다.

❿ 죽은 벌들은 놀이판에서 조금 떨어진 공동묘지 구역에 가 있도록 한다.

▶ 공동묘지엔 '꿀벌 여기 잠들다'라고 적어놓는다.

공동묘지

꿀벌 여기 잠들다

⓫ "만세!"를 외친 뒤에는 진영을 바꾸어 새로 시작한다.

❖ 감동을 나눠요

꿀을 구하러 떠나는 사냥벌의 심정은 어땠나요? 꿀을 지키는 보초벌들은 또 어떤 생각이 들었나요? 꿀을 빼앗기는 심정과 꿀을 구해 가는 심정은 어떻게 달랐나요? 상대편 꿀벌들과 싸우다가 죽는 순간에 마지막 한마디를 남긴다면? 길을 가다가 진짜 꿀벌을 만나면 어떤 얘기를 해주고 싶나요?

꿀벌은 태어나서 죽을 때까지 한순간도 쉬지 않고 부지런히 일해요. 비가 오는 날에도 꿀을 숙성시키거나 애벌레를 키우는 일에 전념해요. 임무가 있는 날에는 장대비가 내려도 빗속을 뚫고 다녀올 정도로 사명감이 투철하지요. 그러다가 수명이 다해서 죽을 때는 혼자 집을 떠나 최대한 먼 곳으로 가서 죽는다고 해요. 적들에게 집이 노출되지 않도록 하기 위해서예요.

지구 생태계의 안정을 위해, 그리고 인류의 생존을 위해 꿀벌의 존재는 매우 중요해요. 꿀벌을 만날 때마다 관심과 사랑으로 대하며 고마움을 표현하면 좋겠어요.

21 황사와 나무

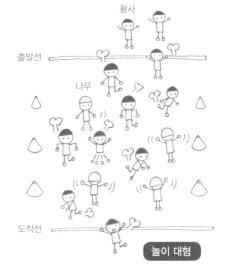

놀이 대형

목　　표	황사의 원인 이해하고 해결책 체험하기
장　　소	강당, 운동장, 넓은 터
시　　기	봄, 가을
대　　상	3~6학년
준 비 물	접시콘, 냄새가 강한 물질

❖ 몸과 마음 열어요

중국에서 바람이 불어오네요. 바람의 움직임을 몸으로 표현해볼까요? 누런 모래까지 싣고 뿌옇게 날아와요. 심한 황사가 발생할 때 어떤 어려움이 있는지 표정과 몸짓으로 표현해봐요.

이번에는 나무가 되어 키가 쑥쑥 자라는 과정을 흉내 내봐요. 작은 나무를 심은 다음 정성껏 거름도 주고 물도 주며 좋은 말도 해주니 무럭무럭 잘 자라네요. 잎이 나고 가지가 뻗고 꽃을 피우고 열매도 달려요. 그러더니 가지와 잎이 무성한 아름드리나무가 되었어요. 큰 그늘도 시원하게 드리워주네요.

❖ 함께 알아봐요

봄바람이 거세지면 늘 걱정이에요. 맑은 하늘이 누렇게 뒤덮일까봐 염려스러워요. 밖에 나가 놀지 못하니 우울해지기도 하고, 마스크를 쓰고 다니면 너무 답답하지요. 감기나 천식, 폐렴 같은 병에 걸리지는 않을지 두렵기도 하고요. 모두가 황사 때문이에요. 이제는 가을에도 날아온다고 하니 걱정이 더 많아져요.

황사는 중국과 몽골 지역에서 생겨나는 모래 먼지예요. 나무가 잘려
나간 뒤 초원이 되었다가 다시 거친 사막으로 바뀐 지역이지요.
봄이 되어 땅이 건조해지면 드넓은 사막에서 엄청난 모래 먼지
가 용트림하듯 치솟아올라요. 그게 편서풍을 타고 서해 바다를
건너서 우리나라로 날아오는 거랍니다. 최근 몽골의 사막화가 점점
더 심해지고 있다고 하니 정말 걱정이에요.
황사와 나무는 어떤 관계가 있을까요? 우리가 직접 황사가 되고 나무가
되어서 알아보기로 해요.

≫온몸으로 놀아요≫

❶ 선을 긋거나 접시콘을 이용하여 놀이 공간(가로 세로 각 5미터)을 표시한다.

❷ 공간 안에는 나무 모둠(3~5명), 공간 밖에는 황사 모둠(15명 이상)이 자리 잡는다.

❸ 나무 모둠원들은 적절한 간격을 두고 서서 눈가리개로 눈을 가린다.
  ▶ 서로 양팔을 뻗었을 때 닿지 않을 정도여야 한다.

나무 모둠

❹ 황사 모둠은 걸어서 나무 사이를 통과하여 건너편으로 간다.
  ▶ 제한 시간은 10초 정도로 한다.

❺ 나무는 황사가 지나갈 때 제자리에서 팔을 이리저리 휘저어 통과를 방해한다.

❻ 나무의 손에 닿은 황사는 밖으로 나가서 대기한다.

❼ 제한 시간 안에 통과하지 못한 황사 역시 잡힌 것으로 한다.

❽ 한 판이 끝나면 통과에 실패한 황사들은 모두 나무가 되어 적절한 간격으로 서고, 살아남은 황사들만 다시 시작한다.

❾ 황사가 하나도 남지 않을 때까지 계속 반복한다.

❖ 감동을 나눠요

나무가 되어 황사를 잡았을 때 어떤 느낌이 들었나요? 나무가 많아질수록 황사는 그 사이를 통과하기가 점점 힘들어져요. 미세먼지도 마찬가지고요. 세계 여러 나라들의 골칫거리인 황사나 미세먼지를 줄이려면 어떻게 해야 하는지 답을 찾을 수 있겠지요?

나무를 심고 가꾸어 숲을 이룬 곳에서는 흙먼지가 일지 않아요. 다른 곳에서 발생한 먼지가 숲을 지나갈 때면 해로운 물질들을 거름종이처럼 말끔히 걸러줘요. 나쁜 물질을 빨아들이고 맑은 공기를 뿜어내는 숲은 황사와 미세먼지를 줄이는 일등공신이에요. 도시의 숲을 잘 지키고 소중하게 가꿔나가야 할 분명한 까닭이 있는 거지요.

내가 사는 마을과 학교에 나무 한 그루라도 더 심기로 해요. 먼 나라의 사막은 우리 힘만으로 바꾸기 힘들지만, 우리가 사는 곳은 얼마든지 우리 손으로 바꿔나갈 수 있겠지요? 우리 모두 나무를 열심히 심고 잘 가꾸겠다고 서로에게 약속해요!

"나무야, 사랑해! 네가 있어서 정말 좋아. 나무야, 고마워!"

22 개구리 연못으로 퐁당!

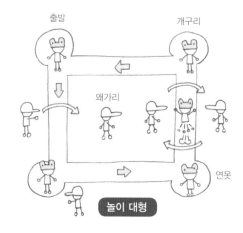

목　　표　개구리와 왜가리의 생존 관계 체험하기
장　　소　운동장
시　　기　봄, 여름, 가을
대　　상　3~6학년
준 비 물　선 긋기 도구

❖ 몸과 마음 열어요

이 연못 저 연못 놀러 다니기 좋아하는 모험심 많은 개구리 식구들이 연못가에 살고 있어요. 개구리뜀으로 폴짝폴짝 뛰어볼까요? 한껏 움츠렸다 뛰면 더 높이, 더 멀리 뛸 수 있어요.

개구리들에게는 꿈에도 만나고 싶지 않은 천적들이 있어요. 뱀, 황조롱이, 백로, 황로, 왜가리, 해오라기, 족제비 등등. 그중에서도 제일 무시무시한 천적은 왜가리랍니다. '왝, 왝' 소리를 내며 운다고 해서 왜가리예요. 그 소리를 한번 흉내 내볼까요? 왝! 왝! 개구리가 들으면 정말 기절초풍할 소리겠지요?

왜가리는 길고 날카로운 부리로 물고기, 개구리, 쥐 따위를 콕 찍어서 한입에 삼켜버려요. 손바닥을 붙이고 허리를 숙이며 팔을 길게 아래로 뻗어 왜가리 부리를 만들어봐요. 그리고 먹이를 재빠르게 콕콕 찍어 먹는 동작을 따라해봐요. 눈앞에 진짜 개구리가 앉아 있다면 여러분도 사냥에 성공할 수 있을까요?

❖ 함께 알아봐요

24절기 중 하나인 경칩은 '숨어 있다가 놀란다'라는 뜻을 가졌어요. 땅속에서 겨울잠을 자던 동물이 깨어나는 시기인데, 따뜻한 봄을 알리는 전령 구실을 하는 동물이 바로 개구리예요. 경칩 무렵이 되면 개구리들이 깨어나서 알을 낳고, 약 2주 후면 올챙이가 태어나거든요. "경칩에 개구리 나온다"라는 속담도 그래서 생겼어요. 계곡에서 살아가는 북방산개구리를 다른 말로 경칩개구리라 부르기도 해요.

서식지 주변의 환경 변화를 예측할 수 있게 해주는 동물을 '환경 지표 동물'이라 하는데 개구리는 그중에서도 첫손에 꼽혀요. 만약 개구리가 사라졌다면 그 지역의 환경은 심하게 오염됐다고 볼 수 있어요. 개구리는 물과 뭍 양쪽에서 살아가는 양서류로서, 피부의 물기를 이용해 공기 중에 있는 산소를 흡입해요. 그러다 보니 물이나 공기가 오염된 곳에서는 살 수가 없어요. 몸 전체로 오염물질을 받아들여야 하니까요.

개구리는 일처다부제로 살아가는 동물이에요. 그래서 올챙이들의 아빠가 한 마리가 아니고 여러 마리예요. 암컷이 물속에 알을 낳으면 수컷이 그 위에 정자를 방출하는데, 이때 여러 수컷의 정자가 포함될 수 있어요. 이렇게 암컷의 몸 밖에서 수정이 진행되는 것을 '체외수정'이라고 하는데, 개구리의 체외수정은 천적들로부터 새끼들을 보호하기 위한 방법이에요. 한꺼번에 알을 많이 낳아두면 그 알들이 천적에게 잡아먹혀도 일부는 살아남을 수 있기 때문이지요.

대부분의 개구리들은 10월 말에 겨울잠을 자기 시작해요. 그러면 경칩 무렵인 2월 말~3월 초까지 깨어나지 않는데, 그동안 아무것도 먹지 않고도 살 수 있어요. 모든 신체활동을 멈추고 오직 호흡만 하기 때문에 가능한 일이지요. 개구리는 숨을 쉴 때 폐와 피부를 모두 사용할 수 있지만, 겨울잠을 자는 동안에는 에너지 소비를 최소화하기 위해서 오직 피부로만 호흡해요. 그렇게 힘든 겨울을 보내고 깨어난 개구리들을 함부로 괴롭히면 안 되겠지요?

북방산개구리

아함~

≫온몸으로 놀아요≫

❶ 개구리와 왜가리, 두 모둠으로 나눈다.

❷ 막대기나 물 주전자를 이용하여 사각형 통로(논둑)와 4개의 연못으로 이루어진 놀이판을 그린다. 연못의 크기는 밖에서 손을 뻗었을 때 안에 있는 사람 몸이 닿을락 말락 할 정도면 적당하다.

❸ 개구리는 고향 연못에서 출발하여 시계 반대 방향으로 돌아서 다시 고향으로 돌아온다. 중간에 잠깐 쉬거나 상황을 살피고자 할 때는 왜가리의 손이 닿지 않는 안전한 연못에 머무를 수 있다.

❹ 왜가리는 논둑을 이리저리 건너다니며 선 밖에서 개구리를 낚아채 끌어낸다.

❺ 왜가리도 사냥을 하다 선을 밟거나 선 안으로 들어오면 죽는 것으로 한다. 단, 개구리가 왜가리를 끌어당길 수는 없다.

❻ 한 바퀴를 돌아 무사히 고향에 도착한 개구리는 "만세"를 부른다. 그러면 죽었던 개구리들이 모두 살아나고 놀이가 처음부터 다시 시작된다.

❼ "만세"를 하려면 고향 연못에 머물고 있는 개구리가 한 마리도 없어야 한다. 고향 연못에 아직 출발하지 않은 개구리가 남아 있는 상황에서 "만세"를 하면 개구리와 왜가리 모둠이 바뀐다.

❽ 이동 과정에서 한 연못에 개구리가 너무 오래 머물러 있는 경우에는 다섯을 셀 동안 다음 연못을 향해 움직이도록 한다.

진행 tip »

▶ 놀이판을 그릴 때 연못 크기나 논둑 폭(50cm 정도)과 길이(4~5m)를 인원에 따라 적절히 조정한다.
▶ 개구리가 지나갈 때 밀면 다칠 수 있으니 잡아당기는 것만 가능하도록 한다.
▶ 옷만 잡게 되는 경우에는 바로 놓도록 한다.
▶ 한 바퀴 돌아와 "만세"를 부르는 것이 너무 쉬우면 두 바퀴 또는 세 바퀴로 늘린다.

❖ 감동을 나눠요

왜가리는 개구리 사냥을 할 때 기분이 어땠나요? 개구리일 때는 어떤 생각과 느낌이 들었나요? 고향으로 무사히 돌아와 만세를 불렀을 때의 기분은?

개구리가 한 연못에 머물러 살면 안전할 수는 있지만 새로운 체험을 할 수 없어요. 새로운 친구도 만나고 새로운 맛도 보고 새로운 물도 만나려면 모험이 필요해요. 때로는 목숨을 거는 대모험이 필요할 수도 있지요. 왜가리의 위협을 피해서 연못 일주 여행을 마치고 고향으로 돌아온 개구리는 얼마나 뿌듯할까요? 더 큰 자신감과 모험심을 갖고 새로운 여행을 떠나게 되겠지요.

'우물 안 개구리'라는 말이 있어요. 좁은 세상에 갇혀 바깥세상을 알지 못하는 어리석은 사람을 가리키는 말이에요. 여러분은 절대 작은 우물이나 작은 연못에 머무르지 말고, 넓은 세상을 마음껏 여행하며 충분히 경험하도록 해요.

23 박쥐와 나방

목 표	박쥐와 나방의 생존 관계 체험하기
장 소	강당, 운동장, 넓은 터
시 기	여름
대 상	3~6학년
준 비 물	눈가리개

놀이 대형

❖ 몸과 마음 열어요

동그랗게 모여 시계 반대 방향으로 천천히 걸어볼까요? 자, 이제 한 마리 박쥐가 되어보세요. 박쥐가 어떻게 날지 생각하며 걸어요.

박쥐가 심심해서 나들이를 가요. 날갯짓을 하며 서서히 날아올라요. 이리저리 둘러보고 세상 구경을 하며 날아다녀요. 그러다가 배가 고파져 먹잇감을 찾아요. 저기 먹잇감이 보이네요. 점점 빠르게 날아요. 시속 20km, 30km, 40km, 50km……. 잡았다! 앞 사람의 어깨를 재빨리 잡아요.

방향을 바꿔 시계 방향으로 걸어요. 이번엔 한 마리 나방이 되어보세요. 나방이 밤 나들이를 나왔어요. 세상 구경을 하면서 한가로이 날아요. 앗! 저 멀리서 박쥐가 날아와요. 날 잡으러 오나 봐요. 어서 도망쳐야죠. 시속 10km, 20km, 30km……. 에구머니! 잡혀버렸네!

❖ 함께 알아봐요

박쥐는 사람처럼 어미가 뱃속에서 일정 기간 동안 새끼를 키운 뒤에 낳는 젖먹이동물(포유류) 중 유일하게 날아다니는 동물이지요. 이쪽에 붙었다가 저쪽에 붙었다가 하는 교활한 사람을 두고 흔

히 "박쥐 같다"는 표현을 쓰는데, 새 같기도 하고 쥐 같기도 한 박쥐의 특성 때문이에요. 게다가 생김새도 좀 음산해서 이미지가 별로 좋지 않은 동물이에요.

박쥐는 시력이 퇴화되었기 때문에 눈 대신 초음파로 주위 상황을 파악해요. 주로 이동하거나 먹이 사냥을 할 때 쓰지요. 입으로 쏘고 귀로 감지하는데, 어떤 박쥐는 특이하게 코로 쏘기도 해요. 익숙하게 자주 다니는 길은 초음파를 쓰지 않고도 오갈 수 있어요. 우리 인간은 아무리 익숙한 길이라도 눈을 감고 이동하라고 하면 꼼짝을 못할 텐데, 박쥐는 기억력이 아주 뛰어나기 때문에 충분히 가능하다고 해요.

박쥐처럼 초음파를 발사해 그 반향을 듣고 장애물이나 먹잇감을 파악하는 대표적인 동물은 돌고래지요. 그 밖에도 몇몇 조류나 포유류가 비슷한 능력을 가지고 있어요. 우리 인간도 이런 원리를 이용해서 레이더 탐지기를 만들었지요.

박쥐는 밝은 곳을 싫어해서 밤에 활동하는 야행성이에요. 낮에는 어두운 동굴에서 거꾸로 매달린 채 지내요. 과일이나 꿀을 먹는 박쥐들도 있지만 대부분은 곤충을 주된 먹잇감으로 삼지요. 특히 밤에 돌아다니는 나방을 잘 잡아먹어요.

곤봉 모양

드라큘라처럼 동물의 피를 빨아먹는 박쥐도 있지만 우리나라에는 그런 무시무시한 흡혈 박쥐는 살지 않아요. 대신 아주 멋진 외모를 자랑하는 황금박쥐가 있지요. 높은 지대의 동굴에 주로 서식하는데, 멸종위기동물 1호이며 천연기념물로 지정되어 있어요. 환경오염과 생태계 파괴로 인해 지구 전체에 얼마 남지 않은 세계적인 희귀종이랍니다.

빗살 모양

나방은 나비와 몇 가지 재미있는 차이점이 있어요. 첫째, 나비는 주로 낮에 활동하고 나방은 밤에 활동해요. 둘째, 대부분의 나비는 앉을 때 날개를 접지만 나방은 날개를 편 채 납작 엎드려 있어요. 셋째, 나비의 더듬이는 곤봉 모양인데 나방은 빗살 모양이에요.

화랑곡나방

바구미

흔히 나비는 아름답고 화려한 반면 나방은 칙칙하고 징그럽다고 생각하는데 꼭 그렇지는 않아요. 달빛을 받으면 온몸이 옥색으로 빛나는 옥색긴꼬리산누에나방은 곤충 전체를 통틀어 아름답기로 첫손에 꼽힌답니다. 어떤 나방은 바구미(쌀벌레)처럼 쌀이나 콩 같은 귀한 곡식을 파먹어서 사람들의 미움을 받기도 하지요. 쌀독 뚜껑을 열었을 때 날아오르는 그 거무튀튀한 나방의 이름은 화랑곡나방이에요.

옥색긴꼬리산누에나방

나방들이 박쥐의 초음파 공격에 무작정 당하기만 하는 건 아니에요. 개중에는 박쥐가 쏘아 보내는 초음파를 곧바로 알아차리는 눈치 빠른 나방들도 있어요. 그러면 즉시 선회 비행을 하다가 수직 낙하하여 박쥐의 공격을 피하며 재빨리 숨어버린다고 해요.

자, 이제 쫓고 쫓기는 박쥐와 나방이 되어 즐겁게 놀아볼까요? 눈가리개로 눈을 가리고 박쥐가 되어보아요. 그리고 박쥐의 공격을 피하는 나방이 되어보아요.

≫온몸으로 놀아요≫

❶ 15~25명이 손을 잡고 최대한 벌려 큰 원을 만든다. 이 원은 박쥐와 나방이 살고 있는 동굴의 벽이 된다.

❷ 박쥐 한 명, 나방 4~6명 정도를 정하여 원 안으로 들어가도록 한다. 박쥐에게는 눈가리개를 씌운다.

❸ 박쥐가 "박쥐!"라고 초음파를 쏘면 나방은 곧바로 "나방!"이라고 응답한다. 박쥐는 "박쥐"를 계속 외치면서 "나방!" 소리를 감지하고 다가가 손으로 친다.

❹ 박쥐가 손으로 친 나방 또는 곧바로 대답하지 않은 나방은 죽은 나방으로 간주한다.

❺ 죽은 나방은 원을 이룬 사람들 사이로 들어가서 손을 잡고 동굴의 벽이 된다. 단, 동굴의 크기는 계속 일정하게 유지한다.

❻ 동굴 역할을 하는 사람들은 박쥐가 가까이 다가오면 "동굴! 동굴!"이라고 위험 신호를 보내서 부딪치지 않도록 한다.

❼ 박쥐는 아침, 점심, 저녁 세 끼(나방 세 마리)를 해결해야 한다.

❽ 세 마리를 다 잡거나 너무 오래 못 잡으면 박쥐를 다른 사람으로 바꾼다.

※ 『아이들과 함께 나누는 자연체험 1』(조셉 코넬 글, 장상욱 옮김, 우리교육, 2002) 108-109쪽을 참고했음.

❖ 감동을 나눠요

나방이 되어 도망 다닐 때 어떤 느낌이 들었나요? 박쥐가 되어 나방을 잡으러 다닐 때는 또 어떤 느낌이 들었나요?

대부분의 사람들은 나방이 박쥐에게 잡아먹히니까 나방을 더 불쌍하게 여기곤 해요. 하지만 실제 놀이를 해보면 박쥐가 생존을 위해 얼마나 힘들게 먹이 사냥을 하는지 알게 되지요. 살아남기 위해 쫓겨 다니는 나방의 절박한 심정도 생생하게 체험할 수 있고요.

피식자건 포식자건 자연에서 살아남기란 정말로 쉽지 않아요. 용맹하고 날쌘 밀림의 제왕 사자도 알고 보면 사냥 성공률이 30퍼센트 정도에 불과하다고 해요. 여러 마리가 온 힘을 다해 협력 사냥을 해도 그 정도예요. 사자에게 잡아먹히는 동물들은 대부분 어리거나 다쳤거나 병들었거나 무리로부터 낙오된 동물들이지요. 건강한 동물들은 제아무리 사자라도 사냥하기가 힘들다는 뜻이에요.

생태계는 이렇듯 치열한 생존의 현장이에요. 먹고 싶다고 아무 때나 마음껏 잡아먹을 수 없고, 피하려 한다고 매번 탈출에 성공하는 것도 아니지요. 그러니 박쥐의 입장에서 보면 먹이가 되어주는 나방이 참으로 고마운 존재가 아닐 수 없어요. 놀이가 끝난 뒤, 박쥐 역할을 했던 사람이 이렇게 말해주면 어떨까요?

"나방아! 고마워!"

창작 놀이

24 내 짝을 찾아라

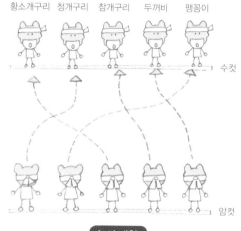

황소개구리 청개구리 참개구리 두꺼비 맹꽁이

수컷

암컷

놀이 대형

목 표	물뭍동물(양서류)들의 번식 생태 체험하기
장 소	강당, 운동장, 넓은 터
시 기	봄, 여름
대 상	3~6학년
준 비 물	눈가리개, 개구리 카드(책 뒤에 수록)

❖ 몸과 마음 열어요

논길을 걸으면 참 요란하게도 울어대는 녀석들이 있지요. 개구리들이에요. 청개구리, 수원청개구리, 참개구리, 산개구리, 옴개구리, 무당개구리, 황소개구리, 금개구리…… 종류도 정말 다양해요. 개구리와 사촌지간인 맹꽁이, 두꺼비도 있어요. 전래동화 주인공으로 유명한 청개구리는 논길뿐 아니라 산에서도 열심히 울어대지요.

개구리 울음소리를 크게 한번 내볼까요? 개굴개굴~ 개굴개굴~. 황소개구리는 황소 우는 소리를 낸다는데 한번 흉내 내보세요. 멸종위기종인 맹꽁이는 장마철이면 특히 잘 우는데, 어떤 소리인지 잘 듣고 따라 해볼까요? 두꺼비는 또 어떻게 우나요?

그다음엔 개구리뜀으로 내 짝을 찾아서 뛰어볼까요? 폴짝! 폴짝! 폴짝폴짝!

❖ 함께 알아봐요

최근 전 세계에서 가장 빠르게 멸종되고 있는 생물들이 물뭍동물, 즉 양서류예요. 물과 땅을 오가며 살아가는 동물이기 때문에 생태계가 건강하지 못하면 서식 자체가 어렵지요. 환경 변화에 아주 민감한 양서류를 멸종으로 몰고 가는 가장 큰 원인은 각종 개발과 오염으로 인한 서식지 파괴랍니다. 우리나라에는 개구리류 13종, 도롱뇽류 5종 등 18종의 양서류가 서식하고 있어요.

개구리는 왜 울까요? 그건 수컷이 암컷을 부르는 소리예요. 짝짓기 철이 되면 수컷들은 울음주머니를 부풀려 최대한 우렁찬 소리를 내지요. 그러면 암컷들이 그중 제일 건강하고 씩씩할 것 같은 수컷을 선택하여 짝짓기를 해요. 연못이나 저수지 주변에서 수컷들이 경쟁적으로 울어대는 소리는 마치 대규모 합창처럼 들려요.

개구리들은 낮에는 거의 울지 않아요. 환한 대낮에 그렇게 울다가는 뱀이나 왜가리 같은 천적에게 잡아먹힐 위험이 있거든요. 해가 지고 주위가 어둑어둑해지면 비로소 울기 시작하지요. 캄캄한 밤에 짝을 찾으려면 수컷들은 최대한 힘차게 울어야 하고, 암컷은 귀를 쫑긋 세워서 잘 찾아가야겠지요. 암컷에게 인기가 없어서 선택을 못 받은 운 없는 수컷들 중에는 다른 종류의 개구리 암컷과 짝짓기를 시도하는 엉뚱한 녀석들도 있어요. 심지어는 죽은 개구리를 껴안기도 한대요.

양서류는 암컷이 알을 낳은 후 수컷이 그 위에 정자를 방사하는 체외수정을 통해서 번식을 해요. 개구리와 두꺼비는 물속에 알을 낳는데 그 모양이 서로 다르답니다. 개구리는 포도송이처럼 큰 덩어리로 낳고, 두꺼비는 대략 13미터 정도 되는 긴 줄 모양으로 낳지요. '쟁기발개구리'라고도 불리는 맹꽁이는 멸종위기 야생동식물 2급으로 지정되어 보호받고 있는데, 비가 많이 오는 6월경에 물가에 모여서 산란을 해요. 대개는 밤에 하지만, 비가 오거나 흐린 날씨에는 낮에도 수컷이 울음소리로 암컷을 유인해요.

두꺼비 알

개구리 알

도롱뇽 알

번식을 통해 후손들을 남기는 건 생명을 지닌 생물들의 공통 목표이지만 모든 동물들이 짝짓기를 할 수 있는 건 아니에요. 암컷의 수가 부족하면 많은 수컷들이 서로 암컷을 차지하기 위해 치열한 경쟁을 벌인답니다.

이제 내 짝 찾기 놀이를 해볼까요? 암수 양서류들의 만남은 대부분 밤에 이루어지니까 다들 눈가리개를 하고 깜깜한 세상으로 가봐요. 출발!

≫온몸으로 놀아요≫

❶ 참개구리, 청개구리, 무당개구리, 산개구리, 황소개구리, 맹꽁이, 두꺼비 모둠으로 나눈다. 한 모둠당 2~3명으로 할 수 있다.

▶ 인원에 따라 모둠 수를 조절하고, 모둠이 늘어나면 다른 양서류들의 이름을 붙여준다.

❷ 모둠마다 한 사람을 암컷으로 정하고 나머지는 수컷이 된다.

❸ 모둠별로 해당 양서류의 그림과 울음소리가 표시된 안내 카드를 나눠준다.

❹ 모두에게 눈가리개를 한 개씩 나눠준다.

❺ 암컷은 제자리에 있고 수컷들은 맞은편 10미터 거리로 이동시킨다.

❻ 수컷들에게 각자 적힌 대로 울음소리를 내보게 한다.

❼ 암컷은 자기 짝들의 소리를 확인하고 눈가리개를 한 뒤 제자리에서 두세 바퀴를 돈다.

❽ 수컷들은 자리를 이리저리 바꿔 선 뒤에 눈가리개를 한다.

❾ "시작!" 소리와 함께 수컷들은 제자리에 서서 큰 소리로 울고, 암컷은 그 소리를 듣고 짝을 찾아간다.

❿ 암컷이 자기와 같은 모둠의 수컷 한 마리를 찾아서 손을 잡는다. 손잡은 쌍은 앞으로 나오게 한다.

⓫ 눈가리개를 푼 후 자기와 짝을 지은 상대가 누구인지 확인한다.

⓬ 짝짓기에 성공한 쌍은 "만세!"를 부른다.

⓭ 암수 역할을 바꿔서 다시 해본다.

❖ 감동을 나눠요

자기 짝의 소리를 다른 종들과 구분할 수 있었나요? 짝이 찾아와 손을 잡았을 때 어떤 기분이 들었나요? 동물들에게 짝짓기는 왜 중요할까요? 그리고 짝짓기에 성공하려면 어떤 조건들이 필요할까요?

자손을 낳아 퍼뜨리는 것은 생물들에게 매우 중요한 일이며 삶의 목적이기도 해요. 어떤 생물 종은 한평생을 번식을 위해 애쓰고, 어떤 종은 번식에 성공하자마자 생을 마감하기도 하지요. 번식은 치열한 경쟁 속에서 이루어져요. 주로 수컷들이 서로 경쟁을 벌이는데 때로는 용감하게 목숨을 걸고, 때로는 비겁하게 속임수를 써서라도 자손 번식에 매달리지요.

짝짓기 성공 전략은 굉장히 다양하고도 흥미진진해요. 자신의 존재를 알리기 위해 악을 쓰듯 우는 매미, 아름다운 소리로 유혹하는 귀뚜라미와 쓰르라미, 먹이 사냥 능력을 과시하는 쇠제비갈매기, 산란 터를 미리 확보하여 능력을 과시하는 연어, 자칫 잘못 다가갔다가 잡아먹힐지도 모르는 무당거미 등등. 여러분들은 이다음에 자기 짝을 찾기 위해 어떤 노력을 할 건가요?

흰꼬리수리

가창오리

놀이 대형

창작 놀이

25 가창오리 살려!

목 표	가창오리의 생존 관계 이해하기
장 소	강당, 운동장, 넓은 터
시 기	가을, 겨울
대 상	3~6학년
준 비 물	접시콘, 흰 손수건이나 보자기

❖ 몸과 마음 열어요

쌀쌀한 바람이 불어올 때면 어김없이 새들이 찾아와요. 추운 겨울을 우리나라에서 나기 위해 북쪽에서 내려오는 겨울철새들이에요. 대표적인 새가 바로 기러기와 오리들이지요. 종류별로 적게는 수백 마리, 많게는 수십만 마리가 한반도를 찾아와요.

그중에서도 특히 눈길을 끄는 오리들이 있어요. 하천이나 강변에서 대규모로 떼를 지어 경이롭고 황홀한 군무를 선보이는 가창오리가 그 주인공이에요. 가창오리는 전 세계에 약 60만 마리가 있는데, 봄부터 가을까지는 중국과 러시아에 흩어져서 살지만 겨울이 되면 대부분이 한반도로 내려온답니다.

가창오리의 뺨에는 태극무늬와 비슷한 무늬가 있어요. '가창오리'라는 이름도 대구시 달성군의 '가창'이라는 마을에서 따왔다고 하니, 얼굴로 보나 이름으로 보나 한국을 대표하는 새라고 해도 좋을 듯해요. 해 질 녘의 하늘을 화려하게 수놓는 가창오리의 군무는 영국 BBC의 유명한 다큐멘터리 〈살아 있는 지구〉에서도 소개된 바 있어요. 그 작품에 유일하게 등장한 한반도의 자연 풍경이기도 하지요.

오리 울음소리를 흉내 내며 오리걸음으로 걸어볼까요? 물 위를 유유히 떠다니는 오리가 되어볼까요? 그러다가 무시무시한 흰꼬리수리가 나타나면 재빨리 하늘로 날아올라요. 잡히면 큰일 나요. 푸다닥!

❖ 함께 알아봐요

오리는 지구 전체에 널리 분포하고 있는 조류이며 종류가 140종이나 돼요. 온대지방이나 열대지방의 오리들은 대부분 한곳에서 계속 사는 텃새들이지만, 시베리아처럼 추운 지방의 오리들은 겨울이 되면 따뜻한 남쪽으로 수천 킬로미터를 이동하지요. 어떻게? 당연히 날아서 이동해요. 농장에서 키우는 집오리들과 달리 야생 오리들은 모두 뛰어난 비행 솜씨를 갖고 있답니다.

오리는 많은 시간을 물에서 보내며, 물갈퀴가 달린 발을 노처럼 사용하여 수영과 잠수를 해요. 물위에서는 우아해 보이지만 다리가 몸의 뒤쪽에 붙어 있기 때문에 땅 위에서는 뒤뚱거리며 걸어요. 그 모습이 우습기도 하고 귀엽기도 하지요.

대부분의 오리들은 암컷과 수컷의 색깔이 전혀 달라요. 늘 그런 건 아니고, 번식기 때 수컷들만 색깔이 화려하게 바뀌지요. 암컷들에게 잘 보여서 짝짓기에 성공하기 위한 전략이에요. 오리류에 속하는 원앙은 화려한 외모로 유명한데, 바로 그게 원앙 수컷의 번식깃이랍니다. 원앙 암컷은 1년 내내 수수한 갈색이고요. 가창오리의 특징인 뺨의 태극무늬도 수컷의 번식깃이에요. 번식기가 끝나면 원앙 수컷도 가창오리 수컷도 모두 암컷과 똑같이 갈색으로 바뀐답니다. 그걸 '변환깃'이라고 불러요.

오리는 먹이활동 방식에 따라 수면성 오리와 잠수성 오리로 나뉘어요. 수면성 오리는 물 위에 뜬 채 엉덩이를 치켜들고 머리만 물속으로 집어넣어 습지식물이나 작은 수생동물들을 잡아먹어요. 반면 잠수성 오리는 물속으로 깊이 잠수해서 식물의 뿌리나 물고기, 조개 등을 잡아먹지요. 수면성 오리는 얕은 곳을 좋아해서 호수나 강 가장자리에 몰려 있지만, 잠수성 오리는 깊은 곳을 좋아하기 때문에 훨씬 안쪽까지 헤엄쳐 다닌답니다.

내륙의 민물에서 살아가는 수면성 오리들은 곡식도 즐겨 먹어요. 낮에는 물가에 머무르며 쉬다가 어두워지면 주위의 농경지로 날아가서 먹이활동을 해요. 추수가 끝난 논에 떨어져 있는 낟알은 오리와 기러기, 두루미 같은 겨울철새들에겐 생명과도 같은 소중한 먹이랍니다. 그래서 지혜로운 농부들은 논에 떨어진 낙곡을 굳이 주워 담지 않고 새들을 위해 남겨놓아요.

까치를 위해 감나무 꼭대기에 남겨두는 '까치밥'과 같은 의미지요.

가창오리는 전 세계적으로 보호받는 멸종위기 종인데, 겨울에는 벌떼처럼 큰 무리를 지어서 움직여요. 러시아 북동지역에서 생활하다가 11월경에 우리나라 서해안의 천수만과 금강 하구, 남해안의 해남 영암호, 고창 동림저수지 등지로 이동하여 겨울을 나고 이듬해 봄에 다시 북쪽의 고향으로 올라가요. 석양을 배경으로 수십만 마리가 날아오르며 환상적인 군무를 펼치는 장면이 겨울철 뉴스 시간에 종종 TV에 등장하곤 하지요.

낮에 강이나 호수에서 쉬고 있는 모습도 아주 흥미로워요. 무리 지어 있는 모양이 시시각각으로 계속 바뀌거든요. 자세히 관찰해보면 가장자리에 있던 녀석들이 계속해서 안쪽으로 파고드는 걸 볼 수 있어요. 그냥 가만히 한자리에서 쉬면 더 편할 텐데 왜 자꾸 자리를 옮길까요? 그건 가창오리들의 생존 본능이에요. 흰꼬리수리 같은 사나운 천적에게 잡아먹히지 않으려면 무리의 바깥쪽보다는 안쪽에 있는 게 훨씬 안전하기 때문이지요.

자, 이제 여러분이 직접 가창오리가 되어 살아남기 위한 날갯짓을 한번 해볼까요?

≫온몸으로 놀아요≫

❶ 한 모둠이 12~20명이면 놀이 인원으로 적절하다.

❷ 줄이나 접시콘으로 술래가 손을 뻗었을 때 닿을락 말락 할 정도의 놀이 공간을 만든다.

❸ 한 명은 가창오리를 잡아먹는 흰꼬리수리가 되고, 나머지는 놀이 공간(호수) 안으로 들어가 가창오리가 된다.

❹ 흰꼬리수리는 "나는 흰꼬리수리다! 흰꼬리수리다!"라고 사냥 신호를 외친 후 호수 바깥을 빙 빙 돌며 가창오리를 손으로 친다.

❺ 손에 치인 가창오리는 잡힌 것으로 간주 하여 '공동묘지 공간'으로 나오게 한다.

❻ 가창오리들은 흰꼬리수리에게 치이지 않 도록 최대한 안쪽으로 파고들며 몸을 피 한다.

❼ 가창오리의 수가 줄어들어 흰꼬리수리가 가창오리를 잡을 수 없게 되면 호수의 크기를 조금씩 줄여가며 놀이를 계속 진행 한다.

❽ 흰꼬리수리의 사냥 목표가 몇 마리인지 정해놓고 다 채울 때까지 진행한다.

❾ 전체 인원수나 놀이 진행 상황에 따라 흰꼬리수리 를 한 마리 늘려서 할 수도 있다.

❖ 감동을 나눠요

흰꼬리수리는 어떤 오리를 잡기가 제일 쉬웠나요? 가창오리는 살아남기 위해 어떻게 했나요? 도 망치다가 잡혔을 때의 느낌은 어땠나요? 희생을 줄이려면 가창오리들끼리 어떻게 협력하는 게 제일 효과적일까요?

생명이 있는 모든 동식물은 살아남아 자손을 번식시키는 일이 가장 중요한 삶의 목표예요. 흰꼬 리수리의 사냥도, 가창오리의 피신도 모두 생존을 위한 필사의 노력이지요. 양쪽 모두 자기의 조 건이나 주변 환경에 맞는 나름의 생존 전략이 있어요. 가창오리는 약하고 힘없는 처지여서 천적 들이 많기 때문에 늘 불안하고, 그만큼 경계심이 강하답니다. 쉴 때도 끊임없이 자리를 옮길 정도 니까요.

추운 겨울에 먹이 구하랴 천적 피하랴, 가창오리들은 얼마나 힘이 들까요? 우리 다같이 '겨울 물 오리' 노래를 부르며 오리들이 무사히 겨울을 나도록 빌어주기로 해요.

26 기러기야, 떼를 지어라

목 표	약한 새들의 생존 전략 체험하기
장 소	강당, 운동장, 넓은 터
시 기	가을, 겨울
대 상	3~6학년
준 비 물	노란 손수건

놀이 대형

❖ 몸과 마음 열어요

"즐겁게 춤을 추다가 그대로 멈춰라!" 이런 노래를 부른 뒤 "네 사람" 또는 "여섯 사람"을 외쳐서 그 숫자만큼 짝을 짓는 놀이가 있어요. 이때 짝을 짓지 못하는 사람은 걸려서 벌칙을 받아요. 한 번 해볼까요?

새들 중에는 홀로 다니는 새가 있는가 하면 여럿이 떼를 지어 다니는 새들도 있어요. 떼를 짓는 새는 어떤 새일까요? 힘이 약해서 흰꼬리수리나 참수리나 매 같은 맹금류들에게, 또는 삵이나 여우 같은 길짐승들에게 잡아먹히기 쉬운 새들이에요. 오리류, 기러기류, 도요새류, 두루미류 등이 거기에 속해요.

그 새들의 소리를 한번 내볼까요? 오리는 꽥꽥, 기러기는 끼룩끼룩, 도요새는 삐용삐용, 두루미는 뚜루룩. 그중에서 오늘 놀이의 주인공은 누구일까요? 이름만 들어도 왠지 정겨운 기러기랍니다.

❖ 함께 알아봐요

"달 밝은 가을밤에 찬 서리 맞으면서~"라는 노랫말처럼 기러기는 가을에 우리나라에 찾아왔다가 봄에 떠나가는 겨울철새예요. 이 시기에 새들이 하늘을 날아가는 모습을 보면 기러기인지 아

닌지 쉽게 알 수 있어요. 어지럽게 떼 지어 날아가는 여느 새들과 달리 기러기는 늘 '시옷(∧) 자' 대형으로 질서정연하게 비행하기 때문이지요(흔히 '브이(V) 자' 모양이라고들 하지만 우리는 세종대왕의 후손이니 '시옷'이라 부르기로 해요).

기러기는 왜 시옷 자 대형으로 하늘을 날까요? 힘을 최대한 아끼기 위해서예요. 철따라 수백, 수천 킬로미터를 날아야 하는 철새들은 공기의 흐름을 잘 이용해야 도중에 지치지 않고 목적지에 무사히 도착할 수 있어요. 새가 날갯짓을 하면 날개 바깥쪽의 공기가 위로 상승하면서 상승기류가 발생하게 돼요. 그러면 그 바로 뒤에서 따라오는 새는 공기의 저항을 덜 받기 때문에 힘을 훨씬 적게 들이면서 비행을 할 수 있다고 해요. 그래서 기러기들이 양쪽으로 길게 줄을 지어 편대비행을 하는 거랍니다. 앞 기러기의 도움을 받는 동시에 뒷 기러기에게 도움을 주는 최고의 협동비행이지요.

그러다 보면 맨 앞에서 날아가는 기러기는 굉장히 힘들 텐데 어떡할까요? 놀라지 마세요. 기러기들은 비행 중간에 계속해서 위치를 교대해요. 선두가 많이 지쳤겠다 싶으면 어느새 다른 기러기가 자리를 바꿔서 선두를 맡는 거예요. 정말 지혜롭지요? 게다가 기러기들은 비행 중에 '끼룩끼룩' 소리를 자주 내는데('기러기'라는 이름도 그 울음소리에서 따온 거라고 해요), 괜히 우는 게 아니라 앞서가는 기러기가 힘을 내도록 격려하는 응원 소리라네요. 정말 감탄이 절로 나오지 않나요?

우리나라에 찾아오는 기러기류는 쇠기러기, 큰기러기, 흰기러기, 회색기러기 등인데 가장 많은 건 쇠기러기예요. 쇠기러기와 큰기러기는 생김새가 비슷하지만 쇠기러기 배에는 여러 개의 가로줄무늬가 있어서 쉽게 구분할 수 있어요. 부리가 시작되는 부위의 흰 줄도 쇠기러기만의 특징이지요. 이름 앞에 '쇠'가 붙은 동물들은 대개 체격이 작아요. 쇠오리, 쇠가마우지, 쇠백로 등등. 쇠기러기 역시 큰기러기와 비교하면 체격이 약간 작은 편이랍니다.

기러기들이 제일 좋아하는 먹이는 논에 남아 있는 낟알이에요. 저수지나 강 하구에서는 수초의 뿌리나 열매를 먹어요. 추수가 끝난 겨울철의 농경지를 보면 오리와 기러기들이 떼로 내려앉아 있는 모습을 쉽게 볼 수 있지요.

보초병 기러기

논에서 먹이활동을 하는 기러기들을 관찰하면 재미있는 모습이 보여요. 고개를 숙인 채 정신없이 낟알을 쪼아 먹는 무리들 틈에서 홀로 고개를 들고 있는 기러기가 있어요. 주위를 경계하는 행동이지요. 동족들이 안전하고 평화롭게 식사를 할 수 있도록 보초를 서는 거예요. 자기도 똑같이 배가 고플 텐데 말이죠.

이렇듯 비행할 때나 먹이를 먹을 때나 지혜롭게 협력하는 기러기의 모습을 보며, 우리 조상들은 인간 또한 그렇게 살아가기를 소망했어요. 그래서 결혼식을 할 때면 기러기 두 마리를 갖다 놓고, 신랑 신부가 그 새들처럼 행복하게 살기를 기원했대요. 모든 사람들이 정말로 기러기처럼 살 수만 있다면 세상은 한결 평화로워지지 않을까요?

》온몸으로 놀아요》

참수리

❶ 인원이 20~25명 정도일 때 놀이 공간은 교실 2칸 정도가 적당하다.

❷ 참수리 한 마리를 정하여 참수리의 부리 색깔인 노란 손수건을 준다. 나머지 사람들은 기러기가 된다.

❸ 참수리는 기러기가 지어야 할 무리의 숫자(3~5마리)를 미리 알린 뒤에 사냥을 시작한다. 가령 다섯 마리로 정했다면 "나는 참수리다! 참수리다! 참수리다! 다섯 마리!"라고 외친 뒤에 잡으러 간다.

❹ 지정 숫자가 다섯 마리일 경우 기러기
들은 참수리가 손으로 치기 전에 다섯
마리가 모여 떼를 지어야만 안전하다.

❺ 떼를 짓지 않은 기러기가 떼 지은 기러기를 손으로 치며 "해제"라고 외치면 모여 있던 기러기
들은 다시 흩어진다.

❻ 참수리는 아직 떼를 짓지 못했거나 떼에서
해제된 기러기를 쫓아가 손으로 친다.

❼ 참수리에게 치인 기러기는 곧바로 참수리가 되어 "나는 참수리다! 참수리다! 참수리다! ○마
리!"라고 외치고 기러기를 잡으러 간다. 이전의 참수리는 기러기가 된다.

❽ 기러기들은 바뀐 숫자에 맞춰서 다시 떼를 짓는다.

❾ 인원이 많으면 참수리를 두 마리로 늘려서 진행할 수도 있다.

❖ 감동을 나눠요

참수리는 어떤 기러기들을 노렸나요? 기러기들은 어떤 마음으로 어떻게 행동해야 안전할 수 있나요? 떼를 짓지 못해 참수리에게 잡혔을 때 어떤 생각이 들었나요?

참수리가 노리는 새는 혼자 외따로 떨어져 있는 녀석이에요. 제아무리 사나운 맹금류라도 떼를 지은 큰 무리의 기러기에게는 두려움을 느끼고, 사냥에 나서도 성공하기가 쉽지 않아요. 기러기가 떼를 지어 움직이는 것은 스스로의 목숨을 지키기 위한 최선의 생존 전략이랍니다. 사람 역시 함께 모여서 도와주고 배려해주며 살면 서로에게 큰 힘이 될 수 있어요.

하늘을 한번 올려다보세요. 떼 지어 날아가는 기러기들이 보이나요? 왠지 예전과는 뭔가 다른 느낌이 들지 않나요? 무사히 겨울을 잘 보내고 고향으로 돌아가라고 손이라도 한번 흔들어주면 어떨까요?

27 온 힘을 다해 연어 알 낳기

목 표	연어의 모천회귀 본능 체험하기
장 소	운동장
시 기	가을
대 상	3~6학년
준 비 물	작은 솔방울(연어 알)

❖ 몸과 마음 열어요

세찬 물살을 헤치며 강물을 거슬러 올라가는 연어의 모습을 본 적이 있나요? 잠시 눈을 감고 자기가 바로 그 연어라고 생각하며 강 냄새와 물소리와 바람소리를 상상해봐요. 그리고 온몸을 흔들며 상류를 향해 헤엄쳐봐요.

"어? 앞에 폭포가 있네!"

거칠게 쏟아지는 폭포수에 맞서 뛰어올라요. 조금 더 가니 이번에는 물길을 막아놓은 거대한 콘크리트 담장이 보이네요.

"윽! 보가 있네. 기필코 저 보를 넘어가야지."

반드시 고향인 '모천(母川)'에 도달하고 말겠다는 일념으로 힘껏 몸을 움직여봐요.

드디어 마지막 관문까지 왔네요. 저 가파른 여울만 넘어서면 고된 여행이 모두 끝나요. 자! 있는 힘을 다해 훌쩍 뛰어넘어볼까요?

❖ 함께 알아봐요

10월 하순부터 11월 초 사이에 강 상류에서 태어난 어린 연어가 바다로 가서 3년 정도 자란 뒤 번식을 위해 제가 태어났던 곳으로 다시 돌아오는 것을 '모천회귀 본능'이라고 해요. 수천 킬로미터나 되는 머나먼 거리를 헤엄쳐 오는 동안 온갖 장애물들이 앞길을 가로막지만, 오로지 고향으로 가서 알을 낳겠다는 목표 하나로 모든 난관을 극복해내지요. 그렇게 도착한 강 상류의 자갈밭에서 짝짓기를 한 뒤 연어 한 마리가 낳는 알의 개수는 약 3천 개쯤 된다고 해요.

연어는 어떻게 제가 태어났던 곳을 정확히 기억하고 찾아올까요? 연어의 머리에는 자석 성질을 띠는 부위가 있어서, 바다부터 강 하구까지는 지구의 자기장을 탐지하여 찾아온다고 해요. 그 뒤부터는 냄새로 길을 찾고요.

연어의 귀향은 멀고도 험난해요. 강 하구에서부터 높은 둑과 보에 가로막히기도 하고, 가파른 폭포나 여울을 만나기도 해요. 연어 떼를 기다리는 낚시꾼들에게 걸리기도 하고, 상류로 가는 길목에서 기다리고 있는 대형 조류나 곰 같은 천적들에게 잡아먹히기도 하지요. 그래도 굴하지 않고 죽을힘을 다해 몸을 솟구치며 상류로 상류로 거슬러 올라간답니다. 때로는 2~3미터나 되는 폭포를 뛰어오르는 경우도 있어요. 폭포도 아득하고 천적도 공포스럽지만 제일 힘든 장애물은 사람이 만들어놓은 둑과 보라고 해요.

천신만고 끝에 고향에 도착하면 암컷은 산란할 장소를 고른 다음 꼬리를 흔들어 강바닥의 자갈을 파헤쳐요. 그리고 몇 년 전에 자기 엄마가 그랬듯이 자갈 속에 알을 낳아요. 그러면 수컷이 거기에 정액을 뿌려서 알을 수정시키게 되지요.

이게 끝이 아니에요. 연어 알을 좋아하는 물고기들로부터 소중한 알을 보호해야 하거든요. 암컷 연어는 마지막 남은 힘을 짜내어 꼬리를 흔들며 알 위에 자갈을 다시 덮어요. 그러고는 너덜너덜해진 상처투성이 몸으로 가쁜 숨을 몰아쉬며 숨을 거두게 돼요. 수컷들 역시 번식을 마친 뒤에 생을 마감하지요. 연어가 돌아오는 강 상류는 번식기가 끝나면 수많은 연어들의 시체로 뒤덮인답니다. 이것이 슬프고도 아름다운 연어의 일생이에요.

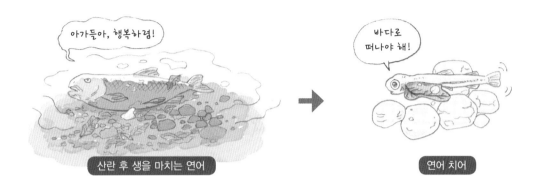

산란 후 생을 마치는 연어

연어 치어

≫온몸으로 놀아요≫

❶ 땅바닥에 사다리 모양의 놀이 공간을 그린다. 연어가 머무르는 넓은 칸의 크기는 장애물이 서 있는 좁은 칸에서 손을 뻗었을 때 닿지 않을 정도로 한다.

▶ 기존의 '사다리 놀이' 또는 '고기잡이 놀이'를 변형한 놀이

❷ 연어 모둠과 장애물(곰, 사람, 보, 폭포 등) 모둠으로 나눈다.

❸ 강 중간중간에 두 줄을 긋고 그 안에 장애물들이 선다. 연어가 통과하려 할 때 손으로 치면 잡힌다.

❹ 연어들 중 암컷과 수컷을 상대편 몰래 정한다. 암컷은 세 마리 정도로 하고, 알을 숨겨서 가도록 한다.

▶ 암컷이 무사히 장애물을 통과할 수 있도록 수컷들이 스스로를 희생하는 작전이 필요하다.

❺ 잡힌 연어는 밖으로 나와 '어항 공간(바깥에 원으로 표시)'으로 들어간다.

❻ 연어들이 모두 잡히면 모둠을 바꾸어 진행한다.

❼ 연어가 장애물을 통과하지 못하고 너무 오래 한곳에 머무를 경우에는 연어와 장애물이 가위 바위 보를 해서 통과 여부를 결정하도록 한다.

❽ 알을 품고 있는 암컷 한 마리와 수컷 한 마리가 상류에 무사히 도착하여 알을 낳으면 만세를 부른다. "연어 알 만세! 만세! 만세!"
  ▶ 암수가 함께해야 번식이 가능하므로.

❾ 만세를 부르고 나면 연어 모둠이 한 번 더 연어 역할을 맡아 놀이를 이어간다.

❖ 감동을 나눠요

폭포, 둑, 곰, 사람 같은 장애물을 만났을 때 연어들은 어떤 마음이 들었나요? 암컷이 무사히 통과할 수 있도록 스스로를 희생한 수컷의 심정은 어땠으며, 그 수컷의 도움을 받은 암컷의 심정은 또 어땠나요? 강 상류에 무사히 도착해 알을 낳았을 때의 느낌은? 연어의 귀향을 가로막는 둑이나 보에 대해 어떻게 생각하나요? 그 장애물들을 어떻게 하는 게 좋을까요?

가을이면 수많은 연어들이 강물을 거슬러 상류로 올라와요. 우리나라에서는 강원도 남대천이 제일 유명하지요. 최근에는 울산 태화강에서 새끼 때 방류했던 연어들이 다시 돌아왔다는 반가운 소식도 있었어요. 먼 길을 헤엄쳐 온 연어들이 무사히 고향에 도착하여 알을 낳고 편안하게 생을 마칠 수 있도록 다들 손 모아서 빌어주세요.

창작 놀이
28 재두루미 살아남기

목 표	재두루미 생존 환경 체험하기
장 소	운동장, 넓은 터
시 기	가을, 겨울
대 상	3~6학년
준 비 물	콩 주머니 50개, 긴 줄, 먹이 카드 40장

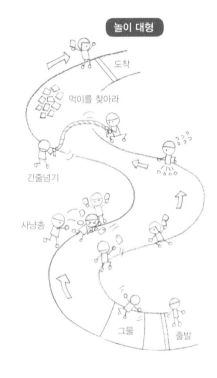

놀이 대형

도착
먹이를 찾아라
긴줄넘기
사냥총
그물 출발

❖ 몸과 마음 열어요

겨울철에 우리나라를 찾는 재두루미는 중국과 러시아의 국경 지대인 흑룡강 주변 또는 시베리아 습지에서 번식해요. 그러다가 날씨가 차가워지는 늦가을이 되면 따뜻한 남쪽으로 머나먼 여행을 떠나지요. 주로 우리나라와 일본에서 겨울을 보내고 봄에 다시 고향으로 돌아간답니다.

먼 하늘에서 재두루미들이 무리 지어 날아오는 모습을 연상하며 팔을 활짝 벌려 날갯짓을 해봐요. 내가 재두루미가 되었다고 상상하며 허공에 몸을 맡기듯 훨훨 날아봐요.

❖ 함께 알아봐요

두루미는 긴 목과 커다란 날개, 멋진 비행 모습과 맑은 울음소리를 지닌 아름다운 새랍니다. '여우와 두루미' 같은 우화를 비롯하여 여러 나라의 설화, 동화, 그림, 노래 등에 단골로 등장하는 친숙한 새이기도 해요. 한 번 짝을 맺은 상대와 평생 일부일처제를 유지하고 늘 가족 단위로 함께 생활하는 두루미는 예로부터 사랑, 평화, 행복의 상징이었지요. 두루마기를 차려입은 듯한 기품 있는 외모 덕분에 선비의 상징으로 여겨지기도 했고, 수명이 아주 길어서 장수의 상징으로 여겨지기도 했어요.

두루미 과의 조류는 전 세계에 15종이 있고 우리나라엔 매년 겨울마다 7~8종이 찾아오고 있어요. 그중에서도 가장 개체 수가 많은 두루미, 재두루미, 흑두루미를 가리켜 흔히 '두루미 삼형제'라고 부르지요.
만형 격인 두루미는 연말연시 연하장 그림에 흔히 등장하며 '학'이라는 이름으로도 불려요. 정수리 부위가 빨간색이어서 '단정학(丹頂鶴)'이라고도 하지요. 멸종 위기에 내몰려서 지금은 철원이나 연천의 DMZ와 민간인 통제구역에서만 볼 수 있답니다. 만형답게 체격도 제일 커서 키가 1.5미터이고 날개를 펼쳤을 때의 좌우 길이가 2.4미터나 돼요.
몸 전체가 청회색이고 눈 주위가 붉은 재두루미 역시 멸종위기종인데 두루미보다는 조금 더 서식 범위가 넓어서 철원, 연천 외에 한강 하구에서도 볼 수 있어요. 체격은 삼형제 중 중간 정도랍니다. 셋 중 체격이 제일 작고 검은빛을 띠는 흑두루미는 남해안의 순천만에서 떼 지어 월동하고 낙동강 근처 해평습지에서도 발견되지요.

두루미는 지구상의 그 어떤 새들보다도 우아하고 고고한 조류로 손꼽혀요. 겨울 들판에 '뚜루루~ 뚜루루~' 울려 퍼지는 울음소리는 더없이 맑고 청아하답니다. 특히 눈 덮인 벌판에서 암수가 함께 마주 보며 춤추는 모습은 한 번 보면 결코 잊을 수 없을 만큼 아름다워요. 지금도 인간문화재들에 의해 이어지고 있는 '동래 학춤'은 바로 그 춤을 본떠서 만든 거랍니다. 동래는 지금의 부산 지역이니까 옛날에는 그곳에도 두루미들이 아주 많이 찾아왔음을 알 수 있어요.

옛 그림에 단골로 등장하고 춤의 모델이 될 정도로 친숙했던 두루미들은 왜 멸종의 위험에 처했을까요? 제일 큰 이유는 서식 환경이 급속도로 파괴되었기 때문이에요.
두루미가 겨울을 보내려면 맑은 물이 흐르는 강 하구와 넓은 갯벌, 낙곡이 풍부한 농경지가 반드시 필요해요. 그런데 갈수록 수질이 오염되고, 갯벌이 사라지고, 추수가 끝나면 논에 남은 볏짚과 낟알을 모두 걷어 가버리니 두루미들은 점점 더 설 땅을 잃어가고 있는 거지요. DMZ나 한강 하구에 두루미들이 아직도 찾아오는 건 그 지역이 군사지역이어서 그나마 환경이 덜 파괴된 채 보전되고 있기 때문이에요.

한 지역에서 살아가는 다양한 생물들 중 특별히 대표성을 갖는 중요한 종을 가리켜 '깃대종'이라고 불러요. 두루미 삼형제는 DMZ와 한강 하구, 남해안 생태계의 깃대종들이랍니다. 오늘 놀이의 주인공인 재두루미는 개리, 저어새와 더불어 한강 하구의 3대 깃대종으로 꼽히지요. 그만큼 귀하고 소중한 겨울 손님들이라는 뜻이에요.

현재 세계 여러 나라에서 조류학자, 환경운동가, 시민단체 등이 네트워크를 만들어 두루미 보호에 힘을 쏟고 있어요. 물론 우리나라에서도 적극적으로 참여하고 있지요. 현재 두루미는 천연기념물 202호, 재두루미는 203호, 흑두루미는 228호로 지정되어 있답니다.

》온몸으로 놀아요 》

놀이 대형 그림을 참조하여 4개의 구간(그물망-사냥총-천적-먹이터)으로 구분된 놀이 공간을 곡선 또는 직선으로 그린다. 좌우 폭 2~4미터, 출발점에서 도착점까지의 길이 20미터 정도면 적당하다.

그물, 사냥꾼 등 장애물 역할 5~6명을 정하고 나머지는 재두루미가 된다. 재두루미들은 출발점에 서고, 장애물들은 역할에 따라 각자의 위치에 선다.

제1구간 : 그물망을 피하라!

❶ 출발 지점에 가로 줄 2개를 40cm 간격으로 긋는다.

❷ 그 안에 한 사람이 들어가서 그물 역할을 한다.
   재두루미가 통과할 때 손으로 친다.

❸ 그물에 치인 재두루미는 잡힌 것으로 한다.

▶ 희생을 줄이려면 여러 마리가 한꺼번에 통과해야 한다.

제2구간 : 사냥꾼을 조심하라!

❶ 사냥총 구간의 길이는 4~5m 정도면 적당하다.

❷ 사냥꾼 2~3명이 선 밖 양쪽에서 지키고 있다가 지나가는 재두루미에게 콩 주머니를 던진다.

❸ 콩 주머니를 맞은 재두루미는 죽은 것으로 한다.

제3구간 : 천적을 피하라!

❶ 양쪽에서 두 사람이 긴 줄을 돌린다.

❷ 줄을 통과한 재두루미는 살고, 줄에 걸리면 죽은 것으로 한다.

제4구간 : 먹이를 찾아라!

❶ 먹잇감의 이름을 적은 종이들을 접어서 바닥에 흩어놓는다.

   ▶ 벼 낟알, 새섬매자기 뿌리, 벼 뿌리, 풀씨, 물고기, 곤충, 개구리, 새우, 게 등

❷ 먹을 수 없는 오염물의 이름을 적은 종이들도 함께 흩어놓는다.

   ▶ 농약, 비닐봉지, 돌, 깡통, 병, 숟가락, 지우개 등

❸ 재두루미들은 종이를 한 장씩 들고 도착지로 가서 펴본다. 먹잇감을 뽑았으면 살고, 그렇지 않으면 죽은 것으로 한다.

더 어려운 환경을 통과하라!

놀이가 끝나고 나면 각 구간의 난이도를 높여서 다시 한번 진행한다.

❶ 제1구간에서는 재두루미가 통과하는 길의 좌우 폭을 좁힌다.

❷ 제2구간에서는 콩 주머니를 한꺼번에 2~3개씩 던진다.

❸ 제3구간에서는 줄을 더 빨리 돌린다.

❹ 제4구간에서는 먹잇감을 적은 종이를 줄이고 오염물을 적은 종이를 늘린다.

❺ 난이도를 달리한 두 번의 놀이에서 각각 살아남은 재두루미 수를 비교해본다.

❖ 감동을 나눠요

각 장애물들을 통과할 때 재두루미의 심정은 어땠나요? 재두루미에게 가장 치명적인 위협 요인은 무엇이었나요? 그물과 사냥꾼과 천적들을 간신히 피했는데 먹이를 못 찾아서 죽게 된 재두루미는 얼마나 허탈했을까요? 죽어가는 재두루미가 사람들에게 가장 하고 싶었던 말은 무엇일까요?

재두루미처럼 크고 아름다운 새를 보면 누구나 감탄을 연발하지요. 하지만 막상 그 새들이 어떤 어려움에 처해 있는지에 대해서는 별 관심을 두지 않아요. 그러는 사이 우리나라를 찾는 재두루미, 나아가 지구 전체의 재두루미 수는 갈수록 줄어들고 있어요. 이러다가 재두루미가 정말로 멸종하게 되면, 우린 이 멋진 새들을 더 이상 눈 덮인 강변이나 겨울 들판이 아닌 화면 속 영상으로만 보게 될지도 몰라요.

재두루미들이 마음 놓고 살아갈 수 있도록 도우려면 어떻게 해야 할까요? 그들을 위협하는 요인들을 줄여나가면 더 많은 재두루미들을 더 오래 만날 수 있겠지요? 재두루미 보호를 위해 우리가 할 수 있는 일이 무엇인지 함께 생각해보기로 해요.

제 4 장

감동을 나눠요

상징동물 : 돌고래

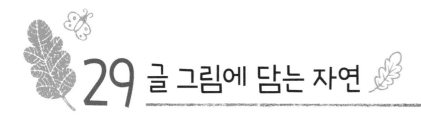

29 글 그림에 담는 자연

목 표	놀고 난 뒤의 느낌 표현하기
장 소	놀이 체험 장소
시 기	사계절
대 상	전학년
준 비 물	두꺼운 색종이, 네임펜

놀이 대형

❖ 몸과 마음 열어요

자연 속에서 자연과 함께 자연스럽게 놀아보았지요? 어디에서 출발하여 어떤 과정을 거치며 어떤 활동을 했는지 잠시 뒤돌아봐요. 자연과의 즐거운 만남과 배움 속에서 느끼고 생각한 것들이 마음속에 꽉 차 있을 거예요.

그냥 흘려보내면 그 느낌들이 물거품처럼 사라져버릴지도 몰라요. 하지만 글과 그림으로 표현해보면 오늘의 기억이 마음속에 새겨져서 오래오래 남게 되지요. 친구들과 함께 서로의 느낌을 이야기하고 비교해보는 것도 좋지 않을까요?

》온몸으로 놀아요》

❶ 다양한 색깔의 두꺼운 색종이를 학생들에게 나눠준다.
❷ 놀이 과정에서 각자 느끼고 생각했던 것을 글(시, 편지, 짧은 산문 등)로 표현한다.
❸ 내용에 어울리는 그림을 그린다.
❹ 다 된 작품은 줄을 걸어 전시한다.

❺ 모둠별로 모여 한 사람씩 발표한다.

❻ 감동을 서로 나눈다.

진행 tip 》

▶ 잘 된 작품을 뽑아서 발표하기보다는 각 모둠별로 전원이 발표할 수 있도록 한다.

▶ 글을 모아서 문집으로 엮어도 좋다.

❖ 감동을 나눠요

자연 속에서 놀다 보면 뭔가 표현하고 싶은 욕구가 저절로 생겨요. 예전에는 못 보았던 것들을 보았고, 지금까지 몰랐던 것들을 알았고, 그동안 생각해보지 않았던 것들을 생각하게 되었기 때문이지요.

그런 경험과 느낌들을 친구들과 함께 나누고 공감하면 혼자만의 기억으로 남겨두는 것보다 훨씬 크고 깊게 다가올 거예요. 다른 사람들도 나와 비슷한 느낌이었음을 확인하는 것은 참으로 뜻깊은 경험이지요. 내가 미처 생각하지 못한 것을 다른 친구가 이야기할 때 새로운 깨달음이 생기기도 하고요. 이런 나눔과 공감은 우리 모두를 하나로 이어주는 소중한 밑거름이 된답니다.

자연에서 놀면서 배울 줄 아는 사람, 자연을 느끼고 생각할 줄 아는 사람, 그것을 나누고 공감할 줄 아는 사람이라면 소중한 생명과 생태와 평화를 더욱 잘 지켜나갈 수 있을 거예요.

30 돌아라! 생태 물레방아

목 표	생태계 평형 체험하기
장 소	강당, 운동장, 넓은 터
시 기	사계절
대 상	3~6학년
준 비 물	없음

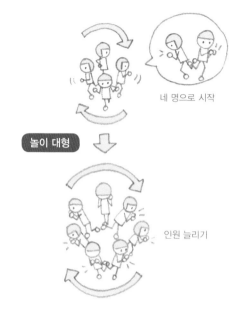

네 명으로 시작

놀이 대형

인원 늘리기

❖ 몸과 마음 열어요

물이 흐르면 멈추지 않고 쉴 새 없이 돌아가는 물레방아처럼, 사람도 자연도 그렇게 서로 얽힌 채 돌고 돌지요. 다 함께 다리를 걸고 물레방아가 되어 돌아보아요. 단단하게 얽어서 쓰러지지 않고 멈추지도 않는 튼튼한 물레방아는 곧 안정적인 자연생태계를 의미하지요.

》온몸으로 놀아요》

❶ 한 모둠당 네 사람으로 시작한다. 각자 좋아하는 동식
  물을 정하고 서로 소개한다.

❷ 첫 번째 사람이 오른 다리를 뒤로 ㄱ자로 꺾어서 든다.

❸ 두 번째 사람이 오른 다리를 뒤로 ㄱ자로 꺾어서 첫 번째
  사람의 오른 다리 위에 발목을 걸어 연결한다.

❹ 세 번째 사람이 같은 방향, 같은 방식으로 두 번째 사람 다리 위에 연결한다.

❺ 네 번째 사람이 같은 방향, 같은 방식으로 세 번째 사람 다리 위에 연결한다.

❻ 첫 번째 사람이 네 번째 사람 다리 위에 연결하면 모두가 연결된 상태가 된다.

▶ 네 번째 사람이 첫 번째 사람의 다리를 받쳐주면서 서로가 서로를 지탱해주기 때문에 안정적인 물레방아가 된다.

❼ 이 상태에서 손뼉을 치며 "기찻길 옆 오막살이, 아기 아기 잘도 잔다, 칙! 칙! 폭! 폭! 칙칙폭폭 칙칙폭폭" 노래를 부르며 같은 방향으로 돈다.

❽ 연결 상태를 유지한 채 끝까지 노래를 부르며 돌면 성공이다.

❾ 5명, 6명으로 인원을 차츰 늘려간다. ▶ 연령에 따라 최대 30명까지도 가능하다.

❖ 감동을 나눠요

〈부시맨〉이라는 영화에서 아프리카 원주민들이 물레방아 놀이를 신나게 하는 모습을 보고 우리 어린이들과 함께 해보면 좋겠다는 생각이 들었어요. 막상 해보니 매우 신나고 즐거웠답니다. 한국과 아프리카에서 따로따로 자연스럽게 생겨난 놀이일까요? 아니면 놀이도 물레방아처럼 돌고 돌아서 멀리까지 전해진 것일까요?

사람이건 자연이건 조각조각 끊어지고 단절되면 살아가기가 훨씬 힘겨워져요. 끊어진 곳에서부터 뭔가 문제가 생기고 그게 점점 확대되어 결국에는 공동체 전체, 또는 생태계 전체에 위기가 닥치게 되지요. 서로 받쳐주며 튼튼하게 연결된 물레방아가 힘차게 돌아가듯이, 우리 모두는 서로 의지하며 함께할 때만 평화롭게 살아갈 수 있음을 이 놀이를 하면서 저절로 깨닫게 돼요.

31 하늘 바라보기

목 표	생태계 평형 체험하기
장 소	강당, 운동장, 넓은 터
시 기	사계절
대 상	전학년
준 비 물	없음

놀이 대형

❖ 몸과 마음 열어요

다 함께 고개 들어 하늘을 바라봐요. 맑고 푸른 하늘도 있고, 잔뜩 찌푸린 하늘도 있지요. 뭉실뭉실 구름이 흐르기도 하고요.

이번엔 더 멀리, 우주까지 바라봐요. 끝도 없이 펼쳐진 아득한 우주를 마음속에 담아요.

》온몸으로 놀아요》

❶ 여러 명이 원형으로 서서 서로서로 옆 사람의 손을 잡는다.

❷ 각자 좋아하는 동식물을 하나씩 정해 서로 소개한다.

❸ 최대한 팽팽하게 한 뒤 허리를 천천히 뒤로 젖혀 5초 동안 하늘을 올려다본다.

❹ 간격을 좁혀 팔을 옆 사람의 허리 뒤로 해서 옆옆 사람의 손을 잡는다.

❺ 최대한 팽팽하게 한 뒤 허리를 천천히 뒤로 젖혀 5초 동안 하늘을 올려다본다.

❻ 간격을 더욱 좁혀서 옆옆옆 사람의 손을 잡는다. 최대한 팽팽하게 한 뒤 허리를 천천히 뒤로 젖힌다.

❼ 하늘을 올려다볼 때 각자 정한 동물이나 식물의 이름을 동시에 크게 외치며 풍경을 감상한다.

❖ 감동을 나눠요

함께 손을 잡고 숲과 하늘과 우주를 바라보는 기분이 어땠나요? 만약 어디 한 곳이라도 끊어지면 어떤 일이 벌어질까요? 서로가 제대로 연결되었을 때 비로소 안정된 평형을 이루듯이, 우리가 살고 있는 생태계는 수많은 생명들이 서로서로 연결된 채 유지되고 있어요. 한 군데라도 흔들리거나 끊어지게 되면 생태계 전체에 심각한 영향을 끼치게 되지요. 생태계가 몸살을 앓거나 위기에 처하면 인간사회 역시 그 위기로부터 자유로울 수 없답니다. 우리는 결코 자연과 무관한 존재가 아니니까요.
생태계의 안정과 평형을 유지하는 첫걸음은 우리의 작은 실천이에요. 혼자가 아닌 여럿이 한다면 훨씬 쉽겠지요. 오늘 함께했던 이 놀이처럼요.

그 밖의 알콩달콩
생태놀이들

1. 열매야, 놀자

가을 숲에 가봐요. 도토리, 밤, 솔방울, 개암, 굴피나무, 마, 쥐똥나무, 도깨비나무, 도꼬마리, 노박덩굴, 당단풍나무……. 다양한 열매들이 우리를 반겨요. 빨간색, 검정색, 고동색, 납작한 모양, 동그란 모양, 큰 열매, 작은 열매 등등. 색깔도 모양도 크기도 각기 다른 열매들이 여기저기에서 모습을 드러내지요.

꽃이 진 자리에 맺히는 열매는 식물이 후손을 퍼뜨리기 위해 만들어낸 거예요. 씨앗이 담겨 있는 그 열매를 사람도 먹고 다른 동물들도 먹지요. 사람들이 욕심을 부려서 너무 많은 열매를 독차지하면 숲속의 동물들이 굶게 되고 어린 나무가 새로 자라날 수도 없어요. 생태계에서 배려와 양보가 왜 필요한지 생각해보고, 지나친 채취는 삼가도록 해요. 놀이에 쓸 열매는 나무에서 따지 말고 땅에 떨어진 것만 사용해야겠지요?

* *

≫ 도꼬마리 열매 붙이기

❶ 한 사람당 5개 정도의 도꼬마리 열매를 나누어준다.

❷ 적당한 거리를 두고 마주 선 다음 상대방을 향하여 도꼬마리 열매를 힘껏 던진다.

❸ 상대방의 몸에 열매를 많이 붙이는 사람이 이긴다.

▶ 도꼬마리 열매에는 가시가 많아 옷에 쉽게 달라붙는다.

❹ 특정 도형이나 숫자 등을 미리 정해두고 상대방의 몸에 그 모양대로 붙여본다.

›› 단풍나무 열매 날리기

❶ 한 사람당 5개 정도의 단풍나무 열매를 나누어준다.

❷ 한 사람씩 열매를 날리거나 여럿이 동시에 날린다.

　▶ 단풍나무 열매는 표창처럼 생겨서 날리기 놀이에 적합하다.

❸ 가장 오래 날린 사람이 이긴다.

›› 같은 열매 찾기

❶ 빈 상자를 준비한다.

❷ 똑같은 열매 두 개를 준비하여 한 개를 상자 속에 넣는다.
이때 다른 종류의 열매들도 함께 넣어둔다.

❸ 수건으로 눈을 가린 다음 나머지 한 개의 열매를 만지게 한다.

❹ 상자 속에 손을 넣고 똑같은 열매를 찾는다.

단풍나무 열매

2. 돌돌돌! 돌놀이

옛날에는 장난감을 돈 주고 사는 경우가 굉장히 드물었어요. 그 대신 자연에 나가면 모든 게 놀잇감이 되었지요. 뚝딱뚝딱! 흙, 강물, 모래, 돌, 풀잎, 나뭇잎, 줄기, 꽃, 열매, 가지, 곤충 등을 이용해서 스스로 장난감을 만들며 놀았던 아련한 추억을 잊을 수가 없답니다.

물가에서 놀 때는 대부분의 놀이가 돌놀이였어요. 돌로 탑을 쌓고, 집을 짓고, 비석치기와 사방놀이도 했지요. 지금도 강과 하천 주위에는 자갈이나 조약돌이 쫙 깔려 있어요. 그 돌들을 가지고 이렇게 저렇게 재미있게 놀아봐요.

* *

≫ 돌 줍기

가장 예쁜 돌, 가장 둥근 돌, 가장 납작한 돌, 가장 빛나는 돌, 나를 닮은 돌 등 다양한 주제를 정해서 1등 돌을 찾아본다.

≫ 공기놀이

도토리 크기의 작은 돌멩이 다섯 개를 공깃돌로 골라내어 땅바닥에서 해본다.

≫ 돌탑 쌓기

한 층씩 번갈아 쌓아 올리다가 먼저 무너지는 쪽이 지는 것으로 한다.

≫ 돌탑 무너뜨리기

상대가 쌓아놓은 돌탑에 일정한 거리에서 번갈아 돌을 던져 무너뜨린다.

》 잎사귀 뽑기

❶ 돌멩이 두 개를 위아래로 쌓은 다음 돌과 돌 사이에 나뭇잎을 끼운다.

❷ 위에 있는 돌을 떨어뜨리지 않고 잎사귀만 살짝 빼낸다.

❸ 윗돌의 크기를 점점 키우거나 점점 둥근 것으로 바꿔가며 난이도를 높인다.

❹ 돌을 3층, 4층으로 늘려가면서 해본다.

》 돌가루로 얼굴 꾸미기

넓고 단단한 돌 위에 무른 돌을 계속 갈면 곱고 흰 가루가 생긴다. 그걸 손가락으로 찍어서 인디언처럼 얼굴에 그림을 그려본다.

》 돌팽이 돌리기

둥근 돌멩이를 평평한 곳에서 팽이처럼 돌린다. 쟁반 위에 돌리는 것도 재미있다. 눕혀서 돌려보고 세워서도 돌려보며, 어떻게 생긴 돌멩이를 어떻게 돌렸을 때 제일 잘 도는지 알아본다.

》 물수제비뜨기

납작한 돌을 낮게 깔아 던져서 물 위를 통통 튀기며 나아가도록 하는 놀이다. 누구의 돌이 더 여러 번 튀겨 오르는지 비교해본다.

》 돌 따먹기

구슬만 한 돌을 눈높이에서 떨어뜨려 땅에 놓여 있는 상대방 돌을 맞히면 그 돌을 따는 놀이다.

》 돌에 그림 그리기

둥글넓적한 돌에 아크릴 물감을 이용하여 붓으로 다양한 그림을 그린다.

3. 쏠쏠한 재미, 솔방울 놀이

소나무는 암꽃과 수꽃이 따로 피어요. 수꽃의 꽃가루가 바람에 날려 암꽃에 닿으면 가루받이가 이루어지는데, 그곳에 열리는 열매가 바로 솔방울이에요. 옛날에 솔방울은 가정용 땔감으로 널리 이용되었고, 어린이들의 놀잇감으로도 최고의 인기를 누렸어요.
멀리 던지기, 목표물 맞추기, 원 안에 많이 넣기, 수류탄 던지며 국군 흉내 내기, 솔방울 팽이치기 등 다양한 놀이의 도구로 사용되었지요.
발밑에 굴러다니는 솔방울들을 모아서 재미있는 놀이를 해봐요. 인형도 만들고 구슬치기도 하고 야구도 해봐요. 시간 가는 줄 모를 만큼 재미가 쏠쏠할 거예요.

* *

≫ 솔방울로 인형 만들기

솔방울, 도토리, 밤, 장난감 눈알, 목공용 본드, 사인펜, 종이끈 등을 가지고 자유롭게 창의적으로 인형을 만든다.

≫ 누가 멀리 던지나?

같은 장소에서 솔방울을 던져 가장 멀리 던지는 사람이 이기는 놀이다.

≫ 솔방울 농구(방울 던지기)

모자나 작은 상자를 일정한 거리 너머에 놓아두고 그 안에 솔방울을 던져 넣는다. 왼손으로 던지기, 한쪽 눈 감고 던지기 등 다양한 방법들을 사용할 수 있다.

≫ 솔방울 야구(방울 치기)

1미터 안팎의 방망이 1~2개와 솔방울 5~10개 정도를 준비하여 솔방울 야구를 한다. 야구공 대신 솔방울을 이용하는 놀이다.

≫ 그 밖의 놀이들

솔방울로 글자 만들기, 물체 만들기, 솔방울 구슬치기, 솔방울 높이 쌓기 등.

4. 간단하게 할 수 있는 자연놀이 18종

들길을 걷다 보면 제비꽃이 피어 있지요. 산길을 걷다 보면 패랭이꽃 피어 있지요. 꽃잎 하나 따서 이마에 붙이고 볼에 두 개 붙이면 연지 곤지가 돼요. 두 손 잡고 걷던 친구는 꽃들로 가득한 자연 앞에서 예쁜 신랑 신부가 되지요.

요즘 어린이들은 온라인 게임, 보드 게임, 수많은 장난감들 속에 파묻혀서 집 밖으로 나올 기회를 잃어가고 있어요. 답답한 실내를 벗어나 밖으로 나가봐요. 자연 속에 꼭꼭 숨어 있는 수많은 장난감들이 차츰 눈에 띌 거예요.

예전부터 이어져온 전통놀이부터 글쓴이들이 어린이들과 함께 만들어낸 놀이까지, 할수록 신나는 열여덟 가지 자연놀이를 소개하려 해요. 주변 환경에 맞게 응용하면 훨씬 더 재미있는 놀이들을 만들어낼 수 있을 거예요.

* *

≫ 제비꽃 씨름

❶ 제비꽃 줄기를 서로 엇갈리게 걸고 잡아당기는 꽃씨름이다.

❷ 줄기가 먼저 끊어져서 꽃이 떨어지는 쪽이 지게 된다.

≫ 흙 덜어내기

❶ 흙을 모아서 둥그렇게 쌓고 가운데에 나무 막대기를 꽂는다.

❷ 모두 둘러앉아 가위바위보를 해서 순서를 정한다.

❸ 순서대로 번갈아 가며 두 손으로 흙을 살살 덜어낸다.

❹ 덜어내다가 나무 막대기를 쓰러뜨린 사람이 지게 된다.

≫ 두꺼비 집짓기

❶ 한 손은 땅바닥에 두고 다른 한 손으로는 그 위에 두둑하게 흙을 덮는다.

❷ 덮은 흙이 무너지지 않도록 단단하게 다진 다음 손을 빼낸다.

❸ 반대편에도 굴을 뚫어서 하나로 연결해본다.

❹ 손 대신 다양한 모양의 플라스틱 병을 이용하면 더 멋지게 꾸밀 수 있다.

❺ "두껍아 두껍아 헌 집 줄게 새 집 다오" 노래를 부르면서 하면 더 재미있다.

≫ 도꼬마리 열매 던져서 붙이기

❶ 술래가 저만치 떨어져 있고, 나머지는 술래한테 도꼬마리 열매를 던져서 붙이는 놀이다.

❷ 가장 적게 붙인 사람이 술래가 된다. 도깨비바늘 열매로 해도 잘 붙는다.

❸ 니트류 옷에 던져서 붙인 뒤에 패션쇼를 하면 더욱 재미있다.

≫ 나무 목걸이 만들기

❶ 목걸이로 만들 나무토막이나 나무껍질을 미리 준비한다.

❷ 그림 그릴 면을 사포로 문지른다.

❸ 색연필이나 사인펜으로 그림을 그리고 구멍을 뚫어 줄을 매면 목걸이가 완성된다.

≫ 풀꽃 목걸이 만들기

❶ 줄기가 연한 풀꽃들을 교차해서 엮는다.

❷ 줄기가 질긴 풀꽃으로 고리를 만들어 연결하면 목걸이가 완성된다.

  ▶ 이용할 수 있는 꽃은 개망초, 자운영, 토끼풀, 제비꽃, 채송화, 봉숭아, 개나리, 국화, 코스모스, 동백꽃, 때죽나무꽃, 쪽동백꽃, 치자꽃 등이다.

>> 화관 만들기

❶ 필요한 만큼만 꽃을 구한다.

❷ 꽃을 풍성하게 하여(3~5줄기씩) 교차해서 엮는다.

❸ 머리 둘레만큼 연결된 다발을 서로 연결하여 화관을 만든다.

▶ 이용할 수 있는 꽃은 개망초, 자운영, 토끼풀, 쑥부쟁이 등이다.

>> 풀꽃시계 만들기

❶ 풀꽃 2개를 줄기째 구한다.

❷ 꽃받침 바로 아래의 줄기에 구멍을 뚫고 다른 하나의 줄기를 그 구멍으로 통과시킨 다음 서로 엇갈린 두 개의 줄기를 손목에 묶으면 멋진 풀꽃시계가 된다.

>> 줄기 싸움

❶ 가늘고 긴 식물 줄기를 1개씩 구해온다.

❷ 두 손으로 줄기의 양쪽 끝을 잡는다.

❸ 줄기를 서로 어긋나게 교차시키고 자기 쪽으로 끌어당긴다.

❹ 줄기가 먼저 끊어지는 쪽이 지게 된다.

▶ 이용할 수 있는 식물은 개망초, 자운영, 토끼풀, 질경이, 쑥부쟁이 등이다.

>> 강아지풀 밀어내기

❶ 강아지풀을 줄기는 남겨두고 이삭만 뽑는다.

❷ 땅에 작은 원을 그리고 그 안에 강아지풀을 넣는다.

❸ 원 밖의 바닥을 주먹으로 통통 쳐서 상대방의 풀꽃을 원 밖으로 내보낸다.

〉〉 칡덩굴로 인디언 옷(치마) 만들기

❶ 일정한 길이로 자른 칡덩굴을 자신의 허리에 두르고 끝부분을 묶는다.

❷ 잎과 잎자루 및 다른 자연물을 이용하여 인디언 옷(치마)을 꾸민다.

〉〉 떡갈나무 잎으로 도깨비 가면 만들기

❶ 떡갈나무 잎의 적당한 위치에 눈 간격에 맞는 구멍을 뚫는다.

❷ 가장자리 부분을 식물의 넝쿨로 꿰어서 뒤로 묶으면 도깨비 가면이 된다.

〉〉 오동잎으로 여우 가면 만들기

❶ 오동잎 끝부분과 잎자루를 자른 뒤, 눈 간격에 맞춰 구멍을 뚫는다.

❷ 잘라낸 잎자루를 잎 아래 부위에 꿰어서 입으로 물면 여우 가면이 완성된다.

〉〉 도토리로 개미 만들기

❶ 필요한 만큼만 도토리를 구한다.

❷ 도토리들을 이쑤시개로 연결하여 개미를 만든다.

❸ 다른 자연물들과 순간접착제를 함께 이용하면 더욱 다양한 공작물을 만들 수 있다.

▶ 도토리는 땅에 떨어져 있는 것만 주워서 쓴다.

>> 자연물로 몸치장하기

❶ 여러 개의 나뭇잎을 연한 나뭇가지로 엮어서 모자를 만든다.

❷ 칡덩굴, 할미밀빵 같은 덩굴식물을 엮어서 허리띠나 치마를 만든다.

❸ 환삼덩굴, 며느리배꼽 등 가시가 있어서 옷에 달라붙는 풀잎이나
도꼬마리, 도깨비바늘, 가막살이 열매 등 옷에 달라붙는 열매를
이용하여 옷을 장식한다.

❹ 색색의 꽃잎을 이용하여 연지 곤지를 찍는다.

❺ 애기똥풀, 씀바귀, 피나물 등 색깔 유액을 가진 식물의 줄기를
잘라 얼굴에 색칠을 하거나 손톱에 칠한다.

>> 돋보기로 낙엽 태워 그림 그리기

❶ 땅에 떨어진 낙엽 가운데 잘 마른 것을 고른다.

❷ 돋보기로 햇빛을 모아서 원하는 모양대로 나뭇잎을 태워 그림을 그린다.
▶ 화재 위험이 있으므로 절대 숲속에서 하지 말고 탁 트인 공터에서 한다.

>> 아카시 가위바위보

❶ 두 사람이 각각 아카시나무 큰잎자루(여러 개의 작은 잎이 붙어 있는 잎자루)를 하나씩 딴다.
▶ 잎의 개수가 같아야 한다.

❷ 가위바위보를 해서 이기면 밑에서부터 잎을 한 장씩 뜯어나간다.

❸ 모든 잎을 먼저 뜯어낸 사람이 이긴다.

5. 교실 안팎 가지가지 놀이 24종

"선생님, 개나리꽃 수업해요."

봄날 노란 개나리가 활짝 피면 어린이들은 교실 밖으로 나가고 싶어 해요. 리코더를 들고 나가 연주를 하면 제비꽃 음악 공부가 돼요. 국어책 들고 나가 동시를 읽으면 애기똥풀 국어 수업이 되고요.

생태교육은 자연에 나가 직접 보고 만지고 냄새 맡고 느껴보는 과정, 즉 실제 경험 속에서 이루어질 때 비로소 의미가 있어요. 놀이활동 과정에서 생겨나는 생생한 감수성과 창의력은 자연과 인간의 관계를 이해하는 데 도움이 되고, 생명과 생태의 소중함을 깨닫는 데도 크게 이바지할 거예요.

어린이들과 함께 교실 안팎에서 할 수 있는 다양한 놀이활동들을 모아봤어요. 각 학교의 주변 환경과 학생들의 발달 수준을 고려하여 능동적으로 활용하고 여건에 맞게 재구성한다면 더욱 효과적인 생태교육이 가능해지리라 믿어요.

봄 **************************

≫ 봄을 알리는 꽃들 관찰하기

학교나 학교 주변에서 이른 봄에 피어나는 풀꽃이나 나무들의 꽃을 알아보고 그 꽃들의 특징을 관찰하여 여러 가지 방법으로 기록한다.

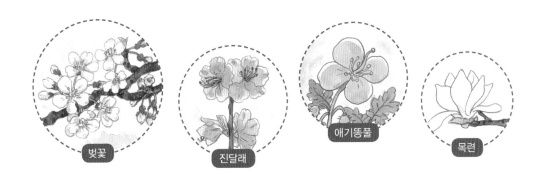

벚꽃   진달래   애기똥풀   목련

≫ 풀꽃 자연놀이

학교 주위의 풀꽃들을 이용하여 다양한 자연놀이를 할 수 있다.
(질경이 씨름, 풀꽃시계, 강아지풀 밀어내기, 꽃반지 만들기 등)

꽃반지 만들기

≫ 식물 이름표 만들기

자신이 관찰한 식물을 인터넷이나 도감을 이용하여 조사하고 이름, 사진, 관련 이야기를 담아
직접 이름표를 만들어 달아준다.

≫ 씨앗 심기

화분, 화단, 학교 울타리 주변에 작은 씨앗이나 식물을 심은 후 변화하는 모습을 꾸준히 관찰
한다.

봄·여름 *

≫ 들꽃 자세히 그리기

들꽃의 모양과 특징을 루페나 돋보기로 관찰한 후 직접 그려보고, 그 특징이 담긴 이름을 지
어준다.

꽃마리

민들레

냉이

>> 비 오는 날 운동장

비 온 뒤의 운동장이나 숲길을 맨발로 걸어본 후 느낌을 말해보고, 흐르는 물의 모습과 역할을 관찰한다.

>> 새싹채소 가꾸기

새싹채소(무, 상추, 고구마 등)를 기르며 자라는 과정을 관찰한다. 자란 것을 거두어 비빔밥, 쌈밥 등 먹을거리를 직접 만들어 함께 먹는다.

봄·가을 *

>> 탁본하기

종이와 크레파스, 색연필 등을 이용하여 나무껍질이나 나뭇잎을 탁본하고 각 나무들의 특징을 비교 관찰한다.

여름 *

>> 창포로 머리 감기

창포 향을 맡아보고 창포의 쓰임새를 서로 이야기한다. 창포 줄기를 한 시간 정도 끓여 창포 물로 머리를 감고 난 후 느낌을 이야기한다.

여름·가을 *

❯❯ 내가 만든 책갈피

풀잎이나 꽃을 말린 다음 종이에 붙인다. 글과 그림을 이용하여 창의적으로 꾸민 후 코팅을 해서 책갈피로 사용한다.

❯❯ 곤충의 울음소리

학교 화단에서 들리는 작은 풀벌레 소리를 흉내 내본다. 그 소리를 그림, 문자, 기호 등으로 표현해본다.

❯❯ 곤충 관찰하기

학교에서 관찰되는 곤충의 종류(나비, 무당벌레, 벌, 사마귀, 잠자리 등)를 조사하고 생태를 관찰하여 기록한다.

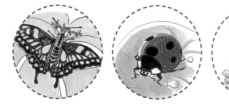   

❯❯ 열매 관찰하기

열매 통을 나누어주고 학교 주변에서 다양한 열매들을 수집하게 한 다음 다양한 공예작품을 만든다.

가을 ✳✳✳✳✳✳✳✳✳✳✳✳✳✳✳✳✳✳✳✳✳✳✳✳✳✳

〉〉 나무 목걸이

나무토막이나 나무껍질을 여러 모양으로 다시 잘라 색연필이나 볼펜으로 그림을 그려 넣고 줄을 매어 목걸이를 만든다.

〉〉 곤충 만들기

학교 주변의 풀꽃, 나뭇잎, 줄기, 가지, 열매 등을 두꺼운 종이에 접착제로 붙여 여러 가지 곤충의 모습을 표현해본다. 학교 나무들의 가지치기를 할 때 나온 것을 활용하면 좋다.

〉〉 낙엽을 이용하여 놀기

낙엽을 모양, 색깔, 크기 등 다양한 기준으로 분류해보고, 운동장에 큰 그림을 그려 색색의 낙엽으로 꾸며본다. 그 밖에도 낙엽 날리기 등 다양한 놀이를 한다.

〉〉 씨앗 퍼뜨리기

단풍나무, 소나무, 박주가리, 민들레 등의 씨앗을 모은 후 관찰하고 바람이나 입김, 손바람을 이용하여 멀리 날려봄으로써 식물들의 다양한 자손 번식 방법을 이해한다.

가을·겨울 ★★★★★★★★★★★★★★★★★★★★★★★★★★★★★

〉〉동식물 색종이 접기

식물과 동물 모양으로 색종이 접기를 한 후 모빌을 만들어 교실 환경을 꾸민다.(활판을 이용한 저어새 만들기 등)

겨울 ★★★★★★★★★★★★★★★★★★★★★★★★★★★★★

〉〉먹이사슬 놀이

실 꾸러미를 준비한 다음 여럿이서 둥근 원을 만든다. 학생 각자가 하나의 생물이 되어, 서로 먹고 먹히는 천적 관계에 놓인 상대에게 실을 연결시킨다. 하나의 생물 종이 사라지면 생태계 전체의 먹이사슬이 끊어진다는 사실을 이해할 수 있다.

〉〉생태신문 만들기

학교 주변의 자연환경에 대해 각자 새로 알게 된 점, 느낀 점 등을 정리하여 생태신문을 만들고 전시한다.

〉〉철새 부리 놀이

새들의 부리를 관찰한 후 그것과 비슷한 도구(젓가락, 포크, 수저, 주걱, 펜치 등)를 사용하여 여러 가지 물체(콩, 낟알, 밤, 감, 물 등)를 집어서 그릇에 담아본다.

사계절 ✳✳✳✳✳✳✳✳✳✳✳✳✳✳✳✳✳✳✳✳✳✳✳✳

≫ 자연 산책 놀이

학교 화단, 울타리, 주변 공원 등을 정기적으로 걸어보면서 자연의
신비로운 변화 모습을 관찰한다.

≫ 나무의 변화

개인 또는 모둠별로 관찰하고자 하는 나무를 정하고 잎, 줄기, 꽃, 열매의 변화 모습을 관찰일
지, 그림, 촬영 등 다양한 방법으로 관찰하여 기록한다.

≫ 생태 영상 감상하기

〈환경스페셜〉, 〈하나뿐인 지구〉, 〈아름다운 비행〉 같은 영상물을 통해 자연의 아름다움과 생
명의 소중함을 배운 후 감상문을 쓴다.

자연을 만나는 마음가짐, 생태 예의

자연은 수많은 생명들이 각자 자기 자리를 지키며 살아가는 공동체입니다.
자연은 주인, 사람은 손님! 그러므로 자연을 찾아갈 때는 손님으로서 마땅히 지켜야 할
예의가 있습니다.

낮은 자세로!

자연을 만날 때는 몸과 마음을 낮추어 겸손한 자세로 만나야 합니다.
그러면 자연을 섬기는 마음이 생기게 되고, 생명의 소중함을 깨달아 자연에게
해를 끼치지 않게 됩니다.

작은 소리로!

자연에 들어서면 소곤소곤 작은 목소리와 살금살금 차분한 몸짓으로 다가가야 합니다.
소리를 크게 내거나 함부로 움직이면 자연의 생명들이 놀라 달아나거나 숨어버려
제대로 만날 수 없게 됩니다.

느린 걸음으로!

자연에서는 느리게 걸어야 합니다. 그러면 발소리도 작게 나고 발밑도 살필 수 있습니다.
느리게 걷다 보면 작은 생명들을 더 많이 만날 수 있고, 자세히 관찰할 수 있으며,
평소 보지 못했던 신비로운 자연의 세계를 새롭게 발견할 수 있습니다.

이름 모를 풀 한 포기, 꿈틀거리는 작은 곤충, 노래하는 새들 모두가 생명을 간직한
소중한 존재들입니다. 이들과 더불어 살아가는 것이 자연을 대하는 참다운 마음이고 예의입니다.